FRAGEN UND ANTWORTEN

AUTOS FLUGZEUGE SCHIFFE

Entwurf & Realisation: David West Children's Books
Illustrationen: Stephen Angel, Peter Gregory, Colin Howard, Graham Howells,
Mike Lacey, Mike Taylor, Ross Watton (SGA)
Cartoonist: Peter Wilks (SGA)
Herausgeber: James Pickering
Beratung: Steve Parker

Parragon
Queen Street House
4 Queen Street
Bath BA1 1HE, UK

Übersetzung aus dem Englischen: Wiebke Krabbe, Damlos
Lektorat: Berthold Bartel, Köln/Marlis Buchner, Troisdorf
Projektkoordination: Antje Seidel, Köln
Satz: ce redaktionsbüro, Erkelenz

ISBN 1-40543-467-8

Printed in China

FRAGEN UND ANTWORTEN

AUTOS FLUGZEUGE SCHIFFE

von

Adam Hibbert
Chris Oxlade
James Pickering

Inhalt

KAPITEL DREI AUTOS

KAPITEL VIER EISENBAHNEN

KAPITEL FÜNF
ZWEIRÄDER

KAPITEL SECHS
LASTER UND BAGGER

KAPITEL SIEBEN FLUGZEUGE

KAPITEL ACHT RAUMSCHIFFE

GOODMANS
TESTER
GMR
Valvoline™
atp

KAPITEL EINS

RENN-MASCHINEN

Welches Feuerross gewann ein Pferderennen?

1825 trat George Stephenson mit seiner „Locomotion“ gegen ein Pferdegespann an und gewann das Rennen. Damit bewies er erstmalig, dass ein mechanisches Gefährt der Muskelkraft von Pferden überlegen ist.

„Locomotion“

Erstaunlich! Rennwettbewerbe gibt es schon sehr lange. Bereits vor 2000 Jahren veranstalteten die Römer Wagenrennen. Die Wagenlenker mussten stehen, um ihr Gleichgewicht zu halten. Dabei wurden sie bestimmt mächtig durchgeschüttelt! Je mehr Pferde vor den Wagen gespannt waren, desto schneller raste man durch die Arena!

Stimmt das?

Noch 1897 wurde ein Motorrad von einem Fahrrad abgehängt.

JA. Ein Mann namens W. J. Stocks erreichte auf dem Fahrrad 43 km/h und gewann mit 270 Meter Vorsprung. Der verärgerte Motorradfahrer führte seine Niederlage auf den Lärm der Zuschauer zurück.

Autorennen in Frankreich 1902

Wo fand das erste Autorennen statt?

Das erste Rennen wurde 1894 zwischen Paris und Rouen veranstaltet. Der Comte de Dion gewann in einem Dampfauto, das sage und schreibe 18 km/h erreichte. Zu beweisen war, dass Autos ebenso schnell und verlässlich waren wie Pferde.

Welches Auto überschritt als erstes die 1000-km/h-Marke?

1970 erreichte der amerikanische Test-Astronaut Gary Gabelich mit „The Blue Flame“ auf einem Salzsee 1016 km/h. Bis heute handelt es sich dabei um die schnellste Fahrt mit einem Raketenantrieb.

„Thrust SSC“

Wie schnell fuhr das schnellste Zweirad?

Richard „Rocketman“ Brown begann 1996 mit dem Bau seiner „Challenger“. Mit drei Raketentriebwerken erreichte er unglaubliche 534 km/h.

„Challenger“

Raketenauto

Stimmt das?

Manche Autos brauchen einen Fallschirm.

JA. Manche Autos sind nämlich so schnell, dass herkömmliche Bremsen nicht mehr ausreichen. Vier Bremsfallschirme halfen dem „Thrust SSC“, die Schallgeschwindigkeit wieder zu unterschreiten.

Wer durchbrach in einem Auto die Schallmauer?

Mit zwei Düsentriebwerken erreichte Andy Green 1997 in der Wüste von Nevada mit der „Thrust SSC“ 1228 km/h. Absoluter Geschwindigkeitsrekord für Landfahrzeuge!

Erstaunlich! **Schon 1904 gab es Autos, die 160 km/h schnell fahren konnten. Louis Rigolly war der Erste, der dieses Tempo erreichte. Er nahm mit einem „Gobron-Brillié“ an einem Rennen in Ostende (Belgien) teil. Zum Glück gab es keinen Unfall. Sicherheitsgurte waren noch nicht erfunden, und Rigolly trug nur eine Stoffmütze auf dem Kopf.**

„Gobron-Brillié“

Was ist die Formel 1?

Eine Sammlung sehr strenger Vorschriften für den Bau von Rennwagen. Selbst die Größe des Treibstofftanks ist festgelegt, damit die Rennen fair bleiben.

Erstaunlich!

Obwohl Gokarts recht klein sind, können sie bis zu 240 km/h erreichen. Gokart-Fahren ist beim Renn-Nachwuchs sehr beliebt, denn viele berühmte Formel-1-Fahrer, wie etwa Michael Schumacher, haben so angefangen.

Formel-1-Wagen von Ferrari

Stimmt das?

Moderne Rennwagen haben Tragflächen.

JA. Diese „Spoiler“ genannten Flügel verhindern, dass Fahrer und Fahrzeug bei hoher Geschwindigkeit die Bodenhaftung verlieren. Der Fahrtwind, der über diese Flügel strömt, presst den Wagen zu Boden.

Indycar

Was sind Indycars?

Das sind spezielle Rennwagen mit besonders kräftigen Motoren. Benannt sind sie nach der Rennstrecke von Indianapolis in den USA.

Le-Mans-Rennwagen

Welches Rennen dauert 24 Stunden?

Jedes Jahr wird in Le Mans, Frankreich, ein 24-Stunden-Rennen veranstaltet. Zwei oder drei Fahrer wechseln sich während der vielen Runden am Steuer ab.

Wann ist eine Limousine keine Limousine?

Wenn sie bei den Tourenwagenrennen startet. Die Fahrzeuge dieser Rennklasse sehen wie ganz normale Familienautos aus, doch unter ihrer Haube verbirgt sich ein rasanter Renner.

Tourenwagenrennen

Erstaunlich! **Moderne Tourenrennwagen können sich auf ausfahrbaren Stelzen selbst in die Luft heben. Wie alle Rennwagen brauchen auch sie regelmäßig kurze Boxenstopps für Reparaturen, Einstellungen oder Reifenwechsel. Dank der Stelzen brauchen die Mechaniker dabei nicht unter die Autos zu krabbeln.**

Was ist ein Stockcar-Rennen?

Stockcars sind meist ausgemusterte alte Straßenfahrzeuge, die mit viel kräftigeren Motoren ausgestattet werden und verschärfte Sicherheitsbestimmungen erfüllen müssen. Ein Stockcar-Rennen findet auf ovalen Sandpisten statt.

Stockcars

Stimmt das?

Alle Stockcars haben Türen.

NEIN. **Die Karosserie besteht aus einem einzigen Teil. So wird das Auto leichter, und es ist sicherer. Auf der Fahrerseite ist das Fenster offen, sodass Fahrer oder Fahrerin durch die Öffnung ins Auto und wieder herausklettern können.**

Wer fährt durch Schlamm und Eis?

Rallyewagen starten bei Rennen auf schlammigem Grund, rasen durch unwegsames Gelände und über Schnee. Häufig kommen sie ins Rutschen. Die Unfallgefahr ist hoch!

Rallyewagen

Wer schwenkt die schwarzweiße Flagge?

Während des Rennens kann die Rennleitung nicht mit den Fahrern sprechen, darum verständigt sie sich durch Flaggen mit ihnen. Mit verschiedenen Farben wird so vor Gefahren gewarnt oder ein Fahrer vom Rennen ausgeschlossen. Die schwarzweiße Fahne gebührt dem Siegerauto.

Zielflagge — Gefahr — Boxenstopp notwendig — Keine Gefahr mehr — Rennen abgebrochen

Wer trägt feuerfeste Unterwäsche?

Rennfahrer tragen unter ihren Overalls feuerfeste „Nomex"-Unterwäsche mit langärmeligem Hemd, langer Unterhose, Socken und einer Kapuze. Die Wäsche schützt die Fahrer 12 Sekunden lang vor Temperaturen bis 700 °C.

Erstaunlich! Bei trockenem Wetter bieten glatte Reifen, „Slicks“ genannt, den besten Halt. Regnet es, wechseln die Fahrer zu Reifen mit Profil, um nicht ins Rutschen zu kommen. Jeder dieser Spezialreifen kann pro Sekunde bis zu 26 Liter Wasser verdrängen.

Stimmt das?
Rennwagen können an der Decke fahren.

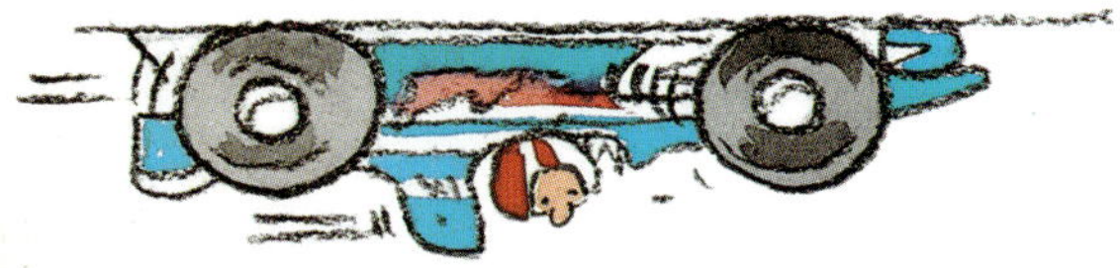

JA. Die Spoiler pressen einen Rennwagen so fest auf die Fahrbahn, dass er auch kopfüber fahren könnte.

Unsportliches Verhalten

Öl auf der Piste

Disqualifikation

Ein Fahrzeug möchte überholen

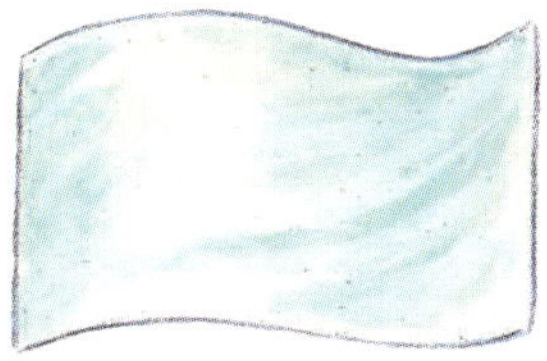

Langsames Fahrzeug voraus

Boxen-Team

Wer arbeitet in den Boxen?

Etwa 20 Mechaniker, die während des Rennens blitzschnell Einstellungs- und Reparaturarbeiten ausführen. Sie wechseln einen Satz Reifen in weniger als fünf Sekunden!

Dragster

Erstaunlich! 480 km/h können gefährlich werden. Bei einem „Blow-over" heben die Vorderreifen ab und der Wagen kann sich der Länge nach überschlagen. Moderne Dragster haben daher vor den Vorderreifen einen Spoiler, der dem Wagen eine stabilere Bodenhaftung verleiht.

Welche Rennwagen fahren nur geradeaus?

Dragster sind spezielle Rennwagen, die eher wie eine Rakete als wie ein Auto aussehen. Ein Dragrennen ist laut, schnell und kurz. Auf einer Strecke von 400 Metern werden bis zu 520 km/h erreicht. Ein Dragster wird nur mit einem Ziel gebaut: größtmögliche Beschleunigung.

Dragbike

Was ist ein Funnycar?

Funnycars sind fantasievoll umgebaute Straßenfahrzeuge, die bei Dragrennen starten. Die Karosserie ist verlängert, um einem Motor mit vergrößertem Hubraum und einem stärkeren Fahrwerk Platz zu machen. Funnycars sind meist in bunten Farben und Mustern lackiert.

Stimmt das?

Dragster benötigen für 400 Meter 57 Liter Benzin.

JA. Dragster sind durstige Ungeheuer! Ein Dragster benötigt für eine 400-Meter-Strecke etwa so viel Benzin wie ein normales Straßenfahrzeug für eine Fahrt von rund 600 Kilometern.

Funnycar

Wie schnell fährt ein Dragbike?

Dragbikes sind zweirädrige Dragster. Genau genommen haben auch sie vier Räder. Die beiden hinteren stabilisieren das Motorrad bei hoher Geschwindigkeit. Dragbike-Star John Mafaro erreichte 1991 eine Geschwindigkeit von 284,85 km/h.

Wer nimmt Kurven auf den Knien?

Bei den in Motorradrennen gefahrenen Kurvengeschwindigkeiten gehen die Fahrer in sehr steile Schräglagen. Ihr Knie berührt dabei den Boden. Damit sie sich nicht verletzen, sind in ihre Hosen harte Knieschützer eingenäht.

Rennmotorrad mit Beiwagen

Was ist ein Sidecar?

Die Rennsport-Variante eines Motorrads mit Beiwagen. Während des Rennens sorgt der Beifahrer für die Balance. In Kurven lehnt er sich so weit hinaus, dass der Fahrer das Tempo kaum zu verlangsamen braucht.

Erstaunlich! Motorräder für Eis-Speedway-Rennen haben Reifen mit langen Metallspikes, die sich im Eis festkrallen. Ohne sie würden Motorrad und Fahrer nur umherrutschen.

Extreme Schräglage

Stimmt das?

Motorradrennen dauern nur eine Stunde.

NEIN. Jedes Rennen hat seine eigene Dauer. Das berühmte Rennen von Le Mans in Frankreich dauert z. B. 24 Stunden. Speedway-Rennen gehen nur über vier Runden (1200 Meter) und sind schon nach einer Minute vorbei.

Speedway-Rennen

Welche Motorräder haben keine Bremsen?

Speedway-Motorräder haben keine Bremsen. Sie werden sofort langsamer, wenn der Fahrer das Gas wegnimmt. Die Fahrer tragen robuste Stiefel mit Stahlkappen, die sie in den Boden rammen, um die Maschinen ganz zum Stehen zu bringen.

Wer rast quer durch die Sahara?

Die Teilnehmer der Rallye Paris–Dakar starten in der französischen Hauptstadt und erreichen 20 Tage später die Hauptstadt des Senegal in Westafrika. Die Autos müssen extremen Temperaturschwankungen wie auch den staubigen Sandpisten der Sahara standhalten.

Erstaunlich! **Bei manchen Motorradrallyes sind hohe Geschwindigkeiten – mehr als 24 km/h – verboten. Die Fahrer müssen über Hindernisse springen und erhalten Strafpunkte, wenn ein Fuß den Boden berührt.**

Was ist ein Rallyekart?

Rallyekarts sind schnelle, vierrädrige Gokarts, die für unwegsames Gelände und Querfeldeinrennen gebaut wurden. Sie haben breite Reifen, die dem holprigsten Boden trotzen, kräftige Motoren und Überrollbügel.

Rallye Paris–Dakar

Stimmt das?

Es gibt Motorräder mit drei Reifen.

JA. So genannte ATV-Motorräder (All Terrain Vehicles), die für jedes Gelände geeignet sind, haben oft drei Räder. Sie starten bei Rennen oder dienen auf großen Farmen als schnelles und zuverlässiges Transportmittel. Quad-Motorräder haben vier Räder und sehr dicke Reifen.

Bei welchen Rennen wird gesprungen?

Bei Gelände- oder Motocross-Rennen gibt es zahlreiche Hindernisse und Sprünge. Nichts kann die Fahrer aufhalten: Sie rasen durch Felder und Wälder, über schlammigen Grund und selbst über Schnee.

Motocross-Rennen

Was sind Hot Rods?

Hot Rods nannte man in Amerika jene inoffiziellen, nächtlichen Straßenrennen, die mit aufgemotzten Serienwagen ausgetragen wurden. Inzwischen sind diese Rennen auf öffentlichen Wegen verboten und finden nur noch auf Rennstrecken statt.

Hot Rods

Grand-Prix-Rennen in Monte Carlo

Stimmt das?

Innerstädtische Straßen sind für Autorennen tabu.

NEIN. Mehrere Grand-Prix-Rennen finden noch immer auf Boulevards statt. In Monte Carlo wird seit 1929 fast immer dieselbe Strecke befahren. Auch der Große Preis von Australien in Melbourne ist ein Stadtrennen. Dafür werden die Straßen für den übrigen Verkehr gesperrt und Schutzbarrieren aufgestellt. Auch viele Rallyes führen von Stadt zu Stadt.

Was sind Café Racer?

Café Racer hießen jene frisierten Motorräder, mit denen in den 1960er-Jahren in England Rennen von Café zu Café ausgetragen wurden. Natürlich waren diese Rennen eigentlich verboten.

Welcher Radrennfahrer trägt ein gelbes Trikot?

Natürlich der Spitzenreiter der Tour de France! Es kleidet und ehrt den zeitschnellsten Fahrer des härtesten Radrennens der Welt.

Erstaunlich! **Ernest Eldridge brach im Juli 1924 in Frankreich auf öffentlichen Straßen den Langstrecken-Geschwindigkeitsrekord. In einem Fiat-„Mephistopheles" aus dem Jahr 1907 erreichte er bis zu 234 km/h.**

„Mephistopheles"

Welches Rennen braucht Sonne?

Jedes Jahr fahren in Australien Autos um die Wette, die mit Sonnenenergie angetrieben werden. Der „Sunraycer“ mit seiner von Solarzellen überzogenen Karosserie ist eines von ihnen. Die Solarzellen speisen die Batterien, die den elektrischen Motor in Bewegung bringen. Der „Sunraycer“ durchquert den Kontinent mit durchschnittlich 40 km/h.

Stimmt das?

„Violent Violet“ hält den Rekord unter den Elektromotoren.

JA. Das Superbike „Violent Violet“ erreichte sagenhafte 166 km/h und wurde zum schnellsten elektrischen Motorrad der Welt. „Violet“ hat massive Lüftungskanäle, die ihren mächtigen Motor direkt kühlen, und ist ein beeindruckendes Kraftpaket.

„Violent Violet“

„Jamais Contente“

Erstaunlich! 1899 gab es ein Elektroauto, das es mit jedem Benziner aufnehmen konnte. Der Belgier Camille Jenatzy erfand einen magnetischen Motor, den er in einen torpedoförmigen Einsitzer baute, die „Jamais Contente“. Sie erreichte eine Geschwindigkeit von 105 km/h.

Welche Autos fahren ohne Benzin?

Elektro- und Solarautos oder Autos, die von einer Wasserstoff-Brennzelle angetrieben werden, brauchen kein Benzin. Seit dem 19. Jahrhundert baut der Mensch Autos, die keine fossilen Treibstoffe verbrennen. Leider sind sie zurzeit noch nicht so zuverlässig und langsamer als Benziner oder Dieselfahrzeuge.

Elektroauto

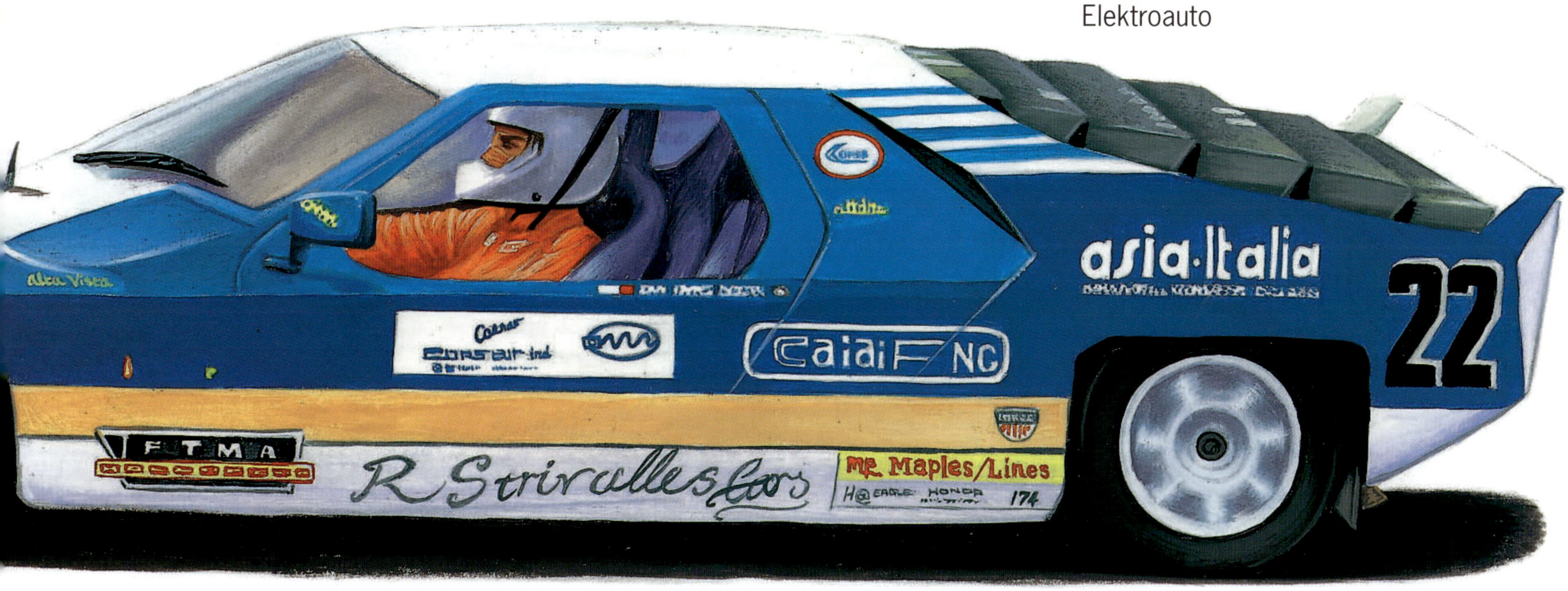

Wie schnell ist ein „Sinclair C5"?

1996 gelang es Adam Harper, eine Geschwindigkeit von 240 km/h zu erreichen. Er brach damit den britischen Geschwindigkeitsrekord unter den Elektroautos mit einem „Alien", einem umgebauten elektrischen „Sinclair C5".

„Alien"

Wo gewinnt der Letzte?

Crash-Rennen sind weniger Geschwindigkeits- als vielmehr Kraftproben. Umgebaute Straßenfahrzeuge rammen sich gegenseitig. Sieger ist der Fahrer des letzten noch funktionierenden Autos. Es ist ein gefährlicher Sport. Deshalb tragen die Fahrer Schutzkleidung und Gurte und sitzen in einem Sicherheitskäfig.

Erstaunlich!

Beim Traktor Pulling geht es darum, bis zu 100 Tonnen schwere Anhänger so weit wie möglich über eine Sandbahn zu ziehen – manchmal auch mithilfe alter Flugzeugmotoren.

Traktor Pulling

Gravity Formula One

Gibt es auch Formel-1-Wagen ohne Motor?

Mit der guten alten Seifenkiste hat das nichts mehr zu tun: Bei der Gravity Formula One geht es, der Schwerkraft folgend, mit bis zu 100 km/h bergab.

Crash-Rennen

Stimmt das?

Es gibt sogar Rasenmäher-Rennen.

JA. Manche Leute fahren sogar auf Rasenmähern um die Wette. Die Teilnahme ist billiger als bei der Formel 1 und hält auch gleich das Gras kurz. Wenn etwas Räder hat, findet sich auch jemand, der damit ein Rennen veranstaltet.

Renn-Laster

Gibt es Rennen für Lastwagen?

Ja. Auf den ersten Blick dürften diese Lastwagen nicht weiter auffallen. Mithilfe von Düsentriebwerken erreichen sie aber in Rennen mehr als 600 km/h.

Wer rast mit einem Helm über das Wasser?

Der Fahrer eines Powerbootes muss einen Helm tragen. Ein Powerboot besteht aus Aluminium und erreicht eine Geschwindigkeit von 240 km/h (120 Knoten). Die Zündung ist über eine Reißleine mit dem Fahrer verbunden. So geht der Motor aus, sobald der Fahrer aus dem Boot fällt.

Erstaunlich!

Powerboote können abheben. Bei hohen Geschwindigkeiten kann Luft unter das Boot gelangen und es aus dem Wasser heben – mit katastrophalen Folgen.

Powerboot

Wer war der schnellste Mann auf dem Wasser?

Kenneth Warby erreichte in seinem Tragflügelboot „Spirit of Australia" 1978 auf dem Blowering Dam (Australien) 511 km/h (276 Knoten).

Tragflügelboot

Welche Boote fahren mit Düsenantrieb?

Jetboote werden durch einen Wasserstrahl angetrieben. So wie die Düsen eines Flugzeugs durch den Abgasstrahl den nötigen Schub erzeugen, wird ein Wasserstrahl unter hohem Druck nach hinten aus der Düse gestoßen, wodurch das Boot nach vorne schnellt. Ein rasendes Vergnügen!

Jetboot

Stimmt das?

Manche Rennboote fahren mit Ventilatoren.

JA. Luftkissenfahrzeuge werden durch ventilatorähnliche Propeller angetrieben und können über Land und über Wasser fahren. Die Propeller befinden sich über Deck. Unter Wasser könnten sie in sumpfigen Gewässern allzu leicht verstopfen.

Welcher Rekordbrecher hat drei Rümpfe?

Den Geschwindigkeitsrekord für Segelboote hält der Trimaran „Yellow Pages Endeavour“ mit 46,53 Knoten. Der Mast mit dem ultraleichten Segel steht auf dem mittleren der drei Rümpfe, dort befindet sich auch das geschlossene Cockpit für die Zwei-Mann-Besatzung.

Wer fährt Rennen mit einer Katze?

Ein „Cat“ (englisch für Katze) ist ein Katamaran – ein Schiff mit zwei Rümpfen. Es gibt sie als Sport- und Freizeit-Segelboot, aber auch als Passagier-Motorschiff. Katamarane liegen in rauer See ruhiger als Schiffe und Boote mit nur einem Rumpf.

Strandsegler

Erstaunlich!

Manche Schiffe fahren nur mit Windkraft rund um die Erde. Das „Round The World Yacht Race“ wird alle vier Jahre ausgetragen. Geschickte Segler können sogar gegen Wind und Strömung um den Globus schippern.

Stimmt das?

Es gibt auch Segelrennen an Land.

JA. Strandsegler sehen aus wie ein kleines Segelboot, haben aber drei Räder, auf denen sie mit bis zu 125 km/h über den Sand flitzen. Ähnliche Modelle fahren auch auf stillgelegten Eisenbahnstrecken und sogar auf Schnee.

Eissegler

Welche Boote fahren auf Eis?

Eissegler erreichen bis zu 220 km/h. Sie sehen aus wie Segelboote mit hohen Masten. Unter dem Rumpf haben sie Kufen, mit denen sie über das Eis gleiten.

Was waren Gee Bees?

In den 1930er-Jahren verlegte sich die amerikanische Firma Granville Brothers (G. B.) auf den Bau von Sportflugzeugen. Ihre kurzen, drolligen Maschinen erreichten in Langstreckenrennen über fast 9000 Kilometern Spitzengeschwindigkeiten von 480 km/h. Mit solchen Rennen sollte bewiesen werden, dass Flugzeuge sicher und zuverlässig waren.

MacRobertson-Rennen

Wie lange dauerte das längste Luftrennen?

Das MacRobertson-Rennen von Mildenhall (England) nach Melbourne (Australien) wurde 1934 ausgetragen. Die Besatzung einer de Havilland gewann es in 70 Stunden und 54 Minuten.

Stimmt das?

1933 fand der erste Non-Stop-Flug rund um die Erde statt.

NEIN. Zwar flog Wiley Post in seiner „Winnie Mae“ ganz allein um die Erde, aber er musste mehrmals zum Auftanken landen. Die Reise von 25 000 Kilometern dauerte etwas mehr als eine Woche.

„Winnie Mae“

Erstaunlich! Der erste Non-Stop-Flug um die Erde fand erst 1986 statt. Dick Rutan und Jeana Yeager brauchten neun Tage für die 40 000 Kilometer. Als sie mit ihrem Leichtflugzeug „Voyager“ auf dem Luftwaffenstützpunkt Edward landeten, hatten sie nur noch 68 Liter Treibstoff im Tank.

Gee Bees

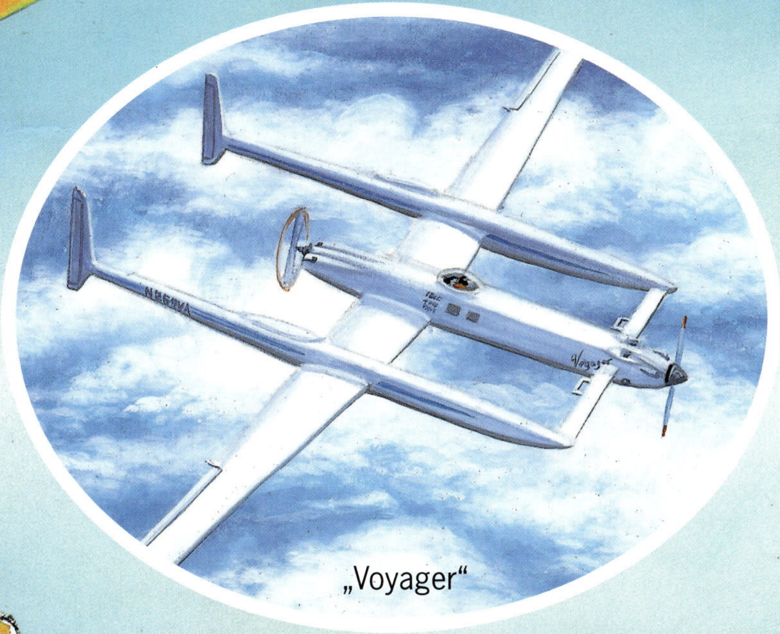
„Voyager“

Wann fand der erste Wettflug statt?

Er wurde 1909 bei Reims in Frankreich ausgetragen, und zwar nur sechs Jahre nach dem ersten erfolgreichen Motorflug der Gebrüder Wright.

KAPITEL ZWEI

BOOTE UND U-BOOTE

Wer überquerte den Atlantik in einem Boot aus Schilf?

1970 überquerte der norwegische Wissenschaftler und Entdecker Thor Heyerdahl mit seiner siebenköpfigen Mannschaft in einem Segelboot aus Schilf den Atlantik. So zeigte er, dass die alten Ägypter in ihren Schilfbooten eine solche Reise Jahrtausende vor Christoph Kolumbus (1492) gemacht haben könnten.

Schilfboot „Ra II"

Stimmt das?

Es gibt auch heute noch Einbaumkanus.

JA. Einbaumkanus werden noch in vielen Teilen der Welt gebaut. Sie werden zum Fischen und als Transportmittel auf Flüssen verwendet. Fischer auf den Tonga-Inseln im Pazifik wagen sich mit Einbaumkanus sogar aufs Meer hinaus. Mithilfe von Auslegern (kleinen Seitenrümpfen) werden die Kanus stabilisiert.

Wer höhlte Baumstämme aus?

Schon die Steinzeit-Menschen höhlten mithilfe von einfachstem Werkzeug Baumstämme aus und funktionierten diese in Boote um. Diese Einbaumkanus sind die ältesten Boote, die je gefunden wurden.

Einbaumkanu

Erstaunlich!

Auf dem Euphrat in Syrien und im Irak segelten einst Boote, die wie Körbe gefertigt wurden, die Quaffas, was so viel wie „Korb" bedeutet. Die Boote wurden aus geflochtenen Zweigen gefertigt und in Teer getaucht. Große Quaffas konnten bis zu 20 Fahrgäste aufnehmen.

Wer fischte in Tierhäuten?

Die kleinen Fischerboote in Irland und Wales hießen Curraghs oder Coracles. Ein Gestell aus gebogenen Stöcken wurde mit Tierhäuten überzogen. Noch heute gibt es einige Fischer, die ihre Fänge in Coracles heimbringen.

Coracle

Wer eroberte die Welt in Langbooten?

Vor etwa 1000 Jahren trieben die Wikinger ihre Schiffe mit Rudern voran, wenn der Wind aus der falschen Richtung kam oder ganz abflaute. Diese Langboote mit schlankem Rumpf und quadratischen Segeln wurden zum Erkunden der Küsten und Erobern von Ländern benutzt.

Stimmt das?

Manche Boote können mit nur einem Ruder bewegt werden.

JA. Manche Boote brauchen nur ein Ruder, die Gondeln in Venedig etwa. Der Ruderer steht am Heck des Bootes und bewegt das lange Ruder hin und her.

Wer ruderte in die Schlacht?

Antike Kriegsschiffe wurden von Sklaven gerudert, während die Soldaten an Deck kämpften. Am Bug hatten diese Galeeren einen spitzen Rammsporn, um feindliche Schiffe zu versenken. Eine Galeere mit drei Reihen Rudern nannte man Triere.

Griechische Triere

Erstaunlich!

Viele Menschen haben den Atlantik schon rudernd überquert, manche auch den Pazifik und manche sogar ganz allein. Die Reise über den Atlantik dauert mindestens zwei Monate, für den Pazifik braucht man mindestens vier Monate.

Achter

Wer steuert einen Achter?

Ein Achter ist ein Sportboot für acht Ruderer. Außerdem fährt ein Steuermann mit, der den Schlagrhythmus vorgibt und das Boot mit einem kleinen Heckruder steuert.

Stimmt das?

Früher kletterten die Seeleute die Masten hoch, um Segel zu setzen.

NEIN. Die Seeleute mussten zwar in die Takelage steigen, aber dafür gab es Strickleitern. Sicherheitsleinen gab es allerdings nicht. Wer fiel, landete meist im Wasser.

Was sind Klipper?

Klipper sind schnelle Frachtensegler. Sie wurden im 19. Jahrhundert in Europa und Amerika gebaut, um den teuren chinesischen Tee aus China möglichst schnell zu befördern. Klipper hatten drei oder vier hohe Masten und an jedem Mast fünf (oder mehr) große Segel.

Klipper

Erstaunlich! **Große Segelschiffe trugen am Bug oft eine geschnitzte Figur, die Galionsfigur. Manche stellten Götter oder Heilige dar, andere Fabelwesen wie Meerjungfrauen, wieder andere wirkliche Personen. Die Langboote der Wikinger trugen Furcht einflößende Drachen- und Schlangenfiguren am Bug.**

Was ist eine Galeone?

Galeonen waren die typischen Handels- und Kriegsschiffe des 15. und 16. Jahrhunderts. Die Galeone „Mayflower“ brachte 1620 die ersten Siedler aus Europa nach Amerika.

Was ist eine Dschunke?

Dschunken heißen jene eigenartigen Segelschiffe mit bis zu fünf Masten, die seit mehr als 1000 Jahren vor der chinesischen Küste kreuzen. Dschunken wurden als erste Segelschiffe überhaupt mit einem Steuerruder ausgerüstet.

Wer segelte unter der Flagge eines Totenkopfs über gekreuzten Knochen?

Die Fahne mit den gekreuzten Knochen unter einem Totenkopf brachte als Piratenflagge Schrecken über die Meere, vor allem im Mittelmeer und in der Karibik. Die Piraten griffen andere Schiffe an, töteten die Mannschaft, stahlen die Ladung und manchmal auch das ganze Schiff.

Erstaunlich!

Der berüchtigte Pirat Edward Teach, genannt Blackbeard, zündete kleine Raketen in seinem großen Bart, um seine Opfer zu erschrecken. Wo sein großer Schatz vergraben ist, ist bis heute nicht bekannt.

Was ist eine Korsarengaleere?

Korsaren waren Seeräuber, die vor 400 Jahren das Mittelmeer unsicher machten. Sie segelten in Galeeren, die bei Flaute von angeketteten Sklaven gerudert wurden.

Piratenflagge

Stimmt das?
Seeleute schliefen in Betten.

NEIN. Einfache Matrosen schliefen in Hängematten, die vom Unterdeck hingen. Nur der Kapitän und die Offiziere hatten eigene Betten in ihren Kajüten.

Bonny und Read

Wer waren Bonny und Read?

Anne Bonny und Mary Read waren ein Piratenpaar. Read ging als Junge verkleidet zur See, und Bonny kam mit 16 Jahren auf ein Piratenschiff. Sie lernten sich kennen, als Reads Schiff von Bonny gekapert wurde.

Welche Dampfer traten im Tauziehen gegeneinander an?

1845 gab es ein Tauziehen zwischen zwei Dampfern der britischen Marine, um zu testen, welcher Antrieb der kräftigere war: Schiffsschraube oder Schaufelrad? Die „HMS Rattler" mit Schiffsschraube zog die mit Schaufelrad angetriebene „HMS Alecto" mit etwa drei Knoten rückwärts.

„HMS Rattler"

Stimmt das?

Die Geschwindigkeit eines Schiffes wird in Knoten gemessen.

JA. Ein Knoten entspricht 1,85 km/h. Früher maßen die Matrosen die Geschwindigkeit, indem sie einen Klotz an einem mit Knoten versehenen Tau befestigten, diesen über Bord warfen und zählten, wie viele Knoten in welcher Zeit vorbeizogen.

„Pyroscaphe"

Wie hieß das erste Dampfschiff?

Das erste von einem Dampfmotor angetriebene Schiff war die französische „Pyroscaphe" mit zwei Schaufelrädern. Sie wurde 1783 von Jouffroy d'Abbans gebaut und fuhr genau 15 Minuten, bevor sie wegen der stampfenden Motorbewegungen auseinander fiel.

„HMS Alecto“

Erstaunlich!

Das Dampfschiff „Great Eastern“ wurde dreifach angetrieben: mit Segeln, Schaufelrad und Schiffsschraube. Es wurde von Isambard Kingdom Brunel gebaut und 1858 zu Wasser gelassen. Damals war es das größte Schiff der Welt.

Wo gibt es Dampfschiffe mit Schaufelrädern?

Vor Erfindung der Schiffsschrauben wurden die meisten Dampfschiffe mithilfe von Schaufelrädern angetrieben. Die Raddampfer auf dem Mississippi, USA, haben noch heute achtern (am Heck) ein großes Schaufelrad.

Mississippi-Raddampfer

Was sind Linienschiffe?

Passagier- oder Frachtschiffe, die auf festen Routen und nach Fahrplan eingesetzt werden. Im 19. und 20. Jahrhundert wanderten Millionen von Europäern auf den Atlantikrouten nach Amerika aus. Verpflegung und Bettzeug brachten sie selbst mit.

Stimmt das?

Ein Anker verlangsamt die Fahrt eines Schiffes.

NEIN. Er verhindert, dass ein liegendes Schiff durch Wind oder Strömung abgetrieben wird. Die Flunken des Ankers verhaken sich im Sand oder zwischen Steinen am Meeresgrund.

Erstaunlich!

Moderne Kreuzfahrtschiffe sind schwimmende Luxushotels. Sie haben Kabinen für tausende von Passagieren, außerdem Restaurants, Kinos, Theater und Swimmingpools.

Haben Passagierschiffe Segel?

Die Luxus-Kreuzfahrtschiffe „Club Med“ verfügen neben Maschinen auch über Segel. Bei Wind kann dadurch Treibstoff gespart werden.

„Club Med 1“

Was macht ein Schlepper?

Schlepper sind kleine Schiffe mit sehr starken Motoren, die größeren Schiffen in Häfen beim Ein- und Ausfahren helfen. Hat ein Schiff einen Maschinenschaden, ziehen es Schlepper auch in die Werft zur Reparatur.

Welches ist das größte Schiff?

Der Öltanker „Jahre Viking“ ist das größte Schiff, das jemals gebaut wurde. Es ist 458 Meter lang und 68 Meter breit. Auf seinem Deck hätten vier Fußballfelder Platz. Voll beladen wiegt es 564 000 Tonnen.

Was bedeutet Ro-Ro?

Ro-Ro steht für „roll-on – roll-off“ (hinauf- und hinunterrollen). Die Ladung eines Ro-Ro-Schiffes – Lastwagen, Busse und Autos – rollt von selbst an Bord. Und ebenso verlassen die Fahrzeuge ihre Fähre wieder nach der Ankunft im Zielhafen.

Stimmt das?

Manche Schiffe können Eisdecken zerbrechen.

JA. **Eisbrecher halten so im Winter Schifffahrtsrouten für andere Schiffe frei. Sie haben sehr starke Maschinen und einen enorm stabilen Rumpf.**

Ro-Ro-Schiff

Supertanker „Jahre Viking“

Erstaunlich!
Ein Bergungsschiff kann seinen Rumpf unter die Wasserlinie absenken. So kann es ein havariertes Schiff unterqueren und durch Anheben huckepack nehmen.

Was ist ein Containerschiff?

Ein Frachtschiff, dessen gesamte Ladung aus Metallbehältern (Containern) besteht. In ihnen werden alle möglichen Inhalte transportiert. Die Container werden im Laderaum und auf Deck untergebracht.

Welches Boot hat Flügel?

Ein Tragflächenboot hat so genannte Flügel. Wenn es steht, liegt sein Rumpf im Wasser. Bei Beschleunigung wirken die Flügel wie die Tragflächen eines Flugzeugs und heben den Rumpf aus dem Wasser. Dadurch kann ein Tragflächenboot große Geschwindigkeiten erreichen.

Luftkissenboot

Tragflächenboot

Erstaunlich! Lange bevor es Züge und Lastwagen gab, wurden schwere Ladungen schon mit Schiffen, so genannten Lastkähnen, transportiert. Sie haben einen flachen Rumpf und können selbst in seichtesten Kanälen und Flüssen fahren, ohne auf Grund zu laufen. Man sieht sie noch heute auf großen Flüssen.

Welches Boot kann fliegen?

Ein Hovercraft schwebt auf einem Luftkissen über das Wasser. Große Propeller blasen Luft unter das Schiff, die durch einen Gummimantel dort gehalten wird. Das Luftkissenboot wird durch Schiffsschrauben angetrieben.

Welches Schiff hat zwei Rümpfe?

Ein Schiff oder Boot mit zwei Rümpfen nennt man Katamaran. Katamarane sind schneller als Schiffe mit einem Rumpf. Hochgeschwindigkeitsfähren wie die „SeaCat“ sind Katamarane. Sie können eine Geschwindigkeit von mehr als 40 Knoten erreichen.

Stimmt das?

Es gibt Schiffe mit drei Rümpfen.

JA. Ein Schiff mit drei Rümpfen heißt Trimaran. Die meisten Trimarane sind Segeljachten. Sie haben einen großen Rumpf in der Mitte und zwei kleinere Seitenrümpfe, von denen jeweils immer nur einer im Wasser ist.

Was ist ein Trawler?

Ein Trawler ist ein hochseetüchtiges Fischerboot, mit dem Fische, Krabben und andere Meerestiere gefangen werden. Trawler fahren langsam durchs Wasser und ziehen ein großes Schleppnetz hinter sich her. Sie sind sehr robust, weil sie jedem Wetter trotzen müssen.

Krabbenkutter

Was ist ein Gefriertrawler?

Ein Schiff, auf dem Fische direkt nach dem Fang für den Verkauf aufbereitet, eingefroren und gelagert werden. Solche Trawler fangen manchmal selbst, werden aber oft von regelrechten Flotten kleinerer Trawler bestückt.

Gefriertrawler

Wer jagte Wale?

Wale wurden wegen ihres Fetts (Tran) und wegen ihres Fleisches gejagt. Wurde ein Wal entdeckt, jagten ihm die Walfänger in kleinen Booten nach und warfen oder schossen Harpunen ab, um ihn zu töten.

Erstaunlich! **Manche Fischerboote fischen auch mit Angelschnüren. Ihre Leinen, bestückt mit Haken und Ködern, sind bis zu 50 Kilometer lang. Schwimmer an der Leine zeigen an, wenn ein Fisch angebissen hat.**

Stimmt das?
Kajaks sind Fischerboote.

JA. „Kajak" ist ein Wort aus der Sprache der Inuit und beschreibt ein kleines Boot mit geschlossenem Deck und einer Öffnung für den Paddler. In der Arktis jagen die Inuit noch heute in Holzkajaks, die mit Seehundfell bespannt sind.

Welche Schiffe sind unsinkbar?

Die Tochterschiffe von Seenotrettungskreuzern sinken nicht einmal, wenn sie kentern, also umkippen. Ihre wasserdichte Kabine sorgt dafür, dass sie sich einfach wieder aufrichten. Sie haben einen stabilen Rumpf und einen starken Motor, mit dem sie auch in rauer See schnell vorankommen.

Erstaunlich!
Die berühmte „Titanic" galt als unsinkbar. Trotzdem sank sie 1912 bereits auf ihrer Jungfernfahrt nach dem Zusammenstoß mit einem Eisberg.

Feuerschiff

Was ist ein Feuerschiff?

Ein Schiff, auf dessen Deck ein Leuchtturm montiert ist. Es ist in der Nähe von Untiefen oder gefährlichen Felsen verankert, um Seefahrer zu warnen. Die meisten modernen Feuerschiffe haben keine Besatzung, weil ihr Leuchtfeuer automatisch gesteuert wird.

Stimmt das?

Rettungsmannschaften rudern durch die Brandung.

JA. Die Boote von Rettungsschwimmern sind so gebaut, dass sie die Brandung leicht bewältigen können.

Löschboot

Wer löscht Brände auf dem Wasser?

Wenn es auf einem Schiff, einer Bohrinsel oder in einem Gebäude direkt am Wasser brennt, werden Löschboote eingesetzt. Mit starken Pumpen saugen sie Meerwasser an, um es in die Flammen zu spritzen.

Welches Schiff hat einen Flugplatz an Bord?

Ein Flugzeugträger hat ein großes, weites Deck, auf dem Flugzeuge starten und landen können. Beim Start werden die Flugzeuge mit einem Katapult beschleunigt. Beim Landen fassen Haken an den Flugzeugen in ein Fangseil, das über das Deck gespannt ist und sie mit einem Ruck zum Stehen bringt. Unter Deck befinden sich Hangars, in denen Flugzeuge geparkt und repariert werden.

Amerikanischer Flugzeugträger

Erstaunlich!

Das erste Gefecht zwischen zwei gepanzerten Kriegsschiffen fand 1862 im Amerikanischen Bürgerkrieg statt. Die „Monitor“ und die „Merrimack“ beschossen einander, es entstand aber kein großer Schaden.

Was ist ein Westentaschen-Schlachtschiff?

Drei dieser kleinen Panzerschiffe wurden in den 1930er-Jahren in Deutschland gebaut. Jedes hatte sechs Kanonen, eine mehr als 60 mm dicke Panzerung und kräftige Dieselmotoren.

Westentaschen-Schlachtschiff „Admiral Graf Spee“

Stimmt das?

Manche Schiffe werden mit Atomkraft angetrieben.

JA. Einige große U-Boote, Flugzeugträger und Eisbrecher haben einen Atomreaktor als Antrieb. Sie können mehrere Monate auf See bleiben, ohne zu „tanken“.

Welches Schiff ist unsichtbar?

Schiffe der Stealth-Klasse der amerikanischen Marine sind auf Radarschirmen nicht zu erkennen. Genau wie bei den Stealth-Flugzeugen zerstreut ein Tarnanstrich die gegnerischen Radarwellen.

Stealth-Schiff

Stimmt das?

Die meisten Schiffe fahren mit Düsenantrieb.

NEIN. Am häufigsten sind Dieselmotoren, die die Schiffsschrauben antreiben. Es gibt aber einige wenige Schiffe, wie Hochgeschwindigkeitsfähren oder Kriegsschiffe mit Turbinen, die dem eines Flugzeugs ähneln.

Was ist eine Jacht?

Ein Segelboot mit einer Kabine im Unterdeck, also unter dem Deck, wird als Jacht bezeichnet. Jachten eignen sich sowohl für Kreuzfahrten als auch für Rennen, bei denen die Mannschaft gewinnt, die am besten im Wind zu segeln weiß. Ein kleines Segelboot ohne Kabine ist ein Dingi.

Powerboote

Jachten

Welches ist das schnellste Boot?

Am schnellsten sind die Powerboote mit einer Höchstgeschwindigkeit von 120 Knoten (220 km/h). Meist handelt es sich um Rennboote mit großen Außenbordmotoren am Heck, die über die Wasseroberfläche rasen und mit harten Stößen über die Wellen springen.

Erstaunlich! Manche Boote wie Jetboote bewegen sich mit Düsenantrieb fort. Eine mächtige Pumpe saugt unter dem Boot Wasser an und stößt es nach hinten weg. Dadurch schnellt das Boot vorwärts.

Wellenreiter

Wer surft durch die Wellen?

Wellenreiter surfen, auf ihren Brettern balancierend, über die abfallenden Wellen. Die echten Könner reiten auf einer Welle bis zum Ufer. Häufig schweben sie auch durch die „Halfpipe" einer anbrandenden Woge.

Welches sind die größten U-Boote?

Alle großen U-Boote dienen militärischen Zwecken und haben einen Atomantrieb. Das größte von allen, ein russisches Boot, ist 171 Meter lang und wiegt 26 500 Tonnen. Es kann viele Monate lang unter Wasser bleiben und die ganze Erde umrunden, ohne einmal Nachschub zu bunkern.

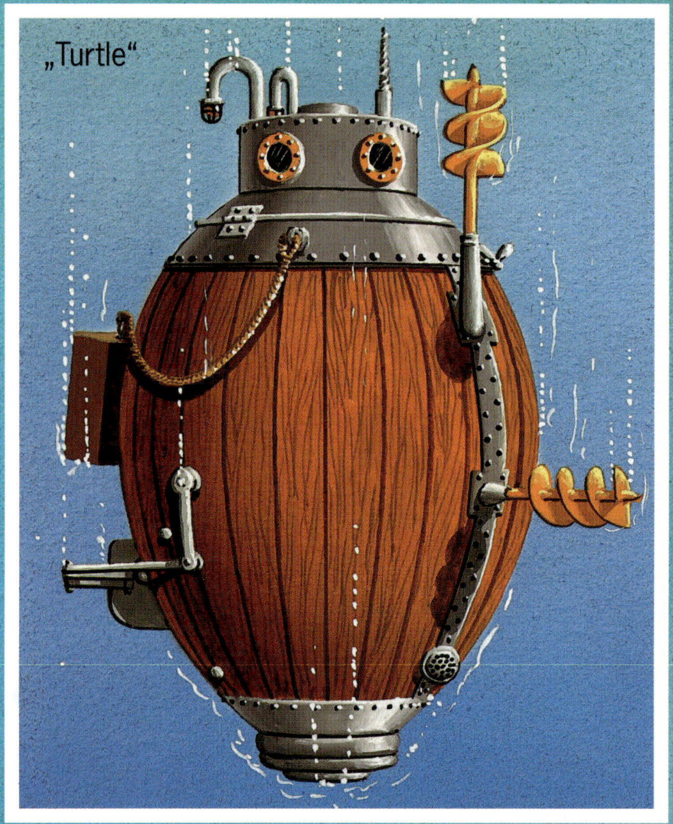

„Turtle“

U-Boot aus dem Zweiten Weltkrieg

Erstaunlich! **Das erste funktionierende U-Boot sah aus wie ein Holzfass. Es wurde 1776 gebaut und hieß „Turtle“ (Schildkröte). Der Steuermann musste feste kurbeln, um die Schiffsschraube anzutreiben. Die „Turtle“ sollte sich feindlichen Schiffen nähern, um unter Wasser Bomben an deren Rumpf anzubringen. Das ist aber nie gelungen.**

Was taten U-Boote im Krieg?

Die deutsche Kriegsmarine setzte im Ersten und Zweiten Weltkrieg U-Boote ein, die etliche Schiffe der Alliierten versenkten. Ohne aufzutauchen, schossen sie Torpedos (Unterwasserraketen) ab. Die Torpedos glitten durchs Wasser und explodierten, wenn sie auf einen Schiffsrumpf trafen.

Stimmt das?

U-Boote orientieren sich durch Echos.

JA. Mit besonderen Geräten, Sonare genannt, senden sie unter Wasser Schallwellen aus. Trifft der Schall im Wasser auf einen Gegenstand, wird sein Echo zum Schiff zurückgeworfen und wieder vom Sonar empfangen. Dadurch lassen sich Größe und Entfernung des Objekts berechnen.

Am Periskop

Was ist ein Periskop?

Taucht ein U-Boot unter, kann es ein Periskop, ein langes Fernrohr, ausfahren, das knapp über die Wasseroberfläche hinausragt. Damit können Bewegungen über Wasser beobachtet werden, ohne dass das U-Boot selbst zu sehen ist.

Was sind Tauchboote?

Tauchboote sind sehr kleine U-Boote, die meist zum Erforschen des Meeres eingesetzt werden. Ein sehr modernes Tauchboot ist das „Deep Flight 1“, das etwa 1000 Meter Tiefe erreichen kann.

Erstaunlich!

Taucher, die Pipelines oder Bohrinseln reparieren, tragen Tauchanzüge, die fast wie Tauchboote ausgerüstet sind. Sie können damit etwa 300 Meter tief tauchen. Weil die Taucher eine Mischung aus Sauerstoff und Helium atmen, bekommen sie zeitweilig eine Quietschstimme.

Stimmt das?

U-Boote können bis auf den Grund des Ozeans hinabtauchen.

NEIN. Ein herkömmliches U-Boot kann maximal 700 Meter Tiefe erreichen. Würde es tiefer tauchen, würde es durch den Wasserdruck zerstört.

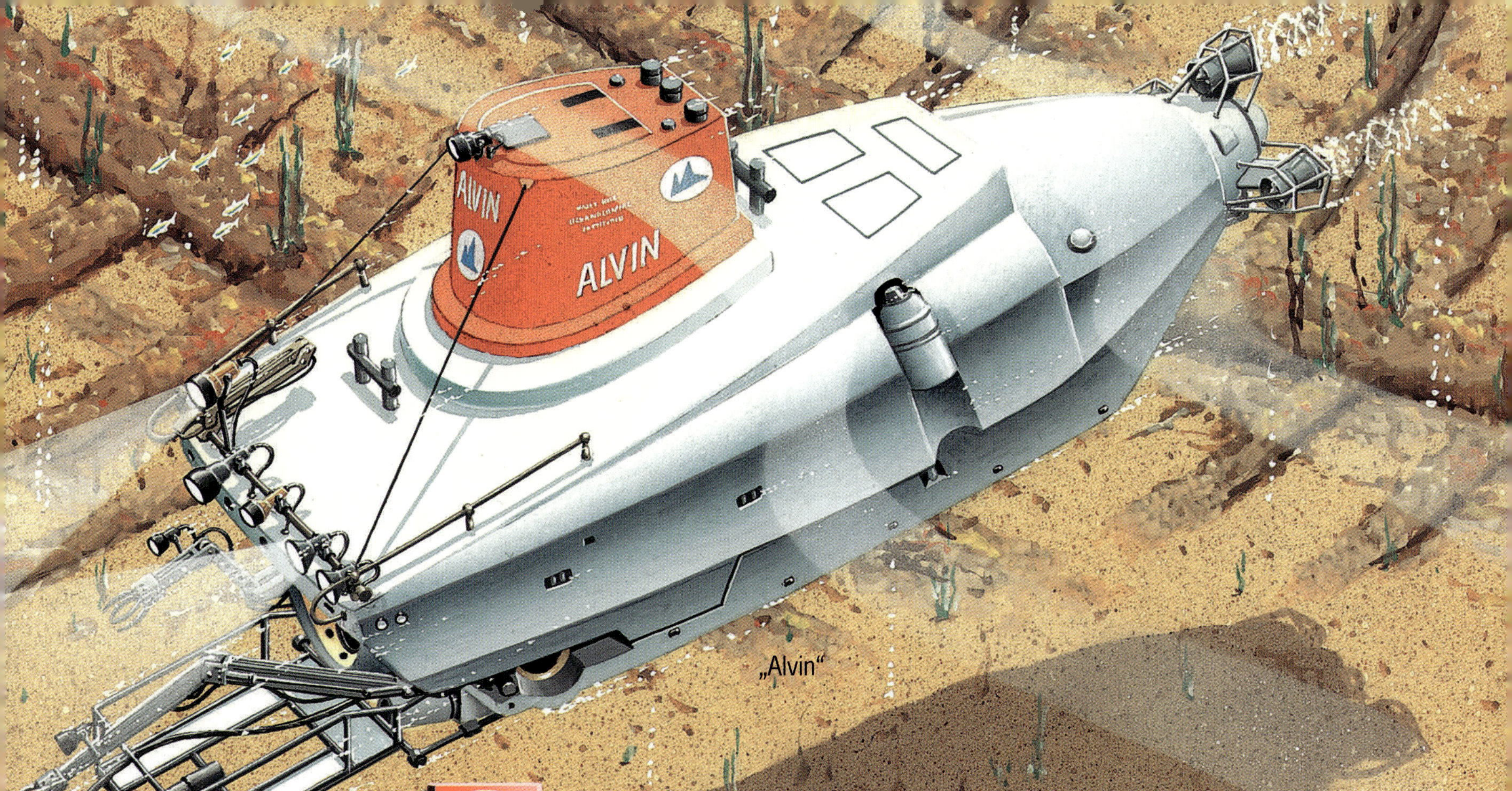

„Alvin"

Wer sind Alvin und Jason Junior?

„Alvin" ist ein Tauchboot, das drei Personen Platz bietet. „Jason Junior" ist ein Roboter-Tauchboot, das von „Alvin" oder von einem Schiff an der Wasseroberfläche aus ferngesteuert wird. 1985 entdeckte „Jason Junior" das Wrack des Ozeandampfers „Titanic" auf dem Grund des Atlantiks.

„Trieste"

Wie tief können Tauchboote tauchen?

Spezielle, besonders stabile Tauchboote, auch Bathyscaphe genannt, können viele Kilometer tief tauchen. 1960 erreichte die „Trieste" im pazifischen Marianengraben die Rekordtiefe von 10 911 Metern.

KAPITEL DREI

AUTOS

Wann brauchten Kutschen keine Pferde mehr?

Sobald die Dampfmaschinen klein und kräftig genug waren. Die ersten – pferdelosen – Dampfkutschen wurden in den 1830er-Jahren in England als Reisebusse eingesetzt. Sie waren aber langsam, laut und schmutzig, und sie beschädigten die Straßen.

Daimler und sein erstes Auto

Wer erfand das erste Auto?

Carl Benz und Gottlieb Daimler bauten ab 1885 die ersten funktionierenden Automobile, die von kleinen Benzinmotoren angetrieben wurden.

Dampfkutsche, 1829

Erstaunlich! Als in England die ersten Benzinkutschen aufkamen, hatten Fußgänger, Reiter und Pferdekutscher Angst um ihre Sicherheit. In der Folgezeit musste immer jemand vor den Autos herlaufen und eine rote Fahne (im Dunkeln eine rote Laterne) schwenken.

Stimmt das?

Die ersten Autos hatten noch kein Lenkrad.

JA. Erst kurz vor 1900 wurden Autos mit einem Lenkrad versehen. Zuvor steuerten die Fahrer mit einem Hebel, ähnlich der Pinne auf einem Boot, oder mit einer Kurbel, die am Ende einer senkrechten Stange befestigt war.

Wann wurde das erste Auto verkauft?

1887 kaufte der französische Ingenieur Émile Roger ein dreirädriges Auto, das Carl Benz entwickelt hatte. Benz baute wenig später eine Fabrik, in der Autos hergestellt wurden. Es wurden aber nur noch wenige dreirädrige Fahrzeuge verkauft.

Benz-Patent-Motorwagen

Erstaunlich! Um 1900 gab es noch keine Tankstellen. Damals verkauften die Schmiede und Apotheker den Treibstoff an liegen gebliebene Automobilisten. Werkstätten gab es auch noch nicht, darum mussten die Fahrer für den Fall einer Panne einen Werkzeugkasten und Ersatzteile bei sich haben.

Was zog man früher zum Autofahren an?

Weil die ersten Autos weder Windschutzscheibe noch Dach hatten, mussten sich Fahrer und Fahrgäste durch die Kleidung vor Wind und Regen, Staub und Schlamm schützen. Sie trugen dicke Pelzmäntel oder Regenumhänge, Mützen oder Hüte und große Schutzbrillen.

Ford-Modell „T“

Was war die „Tin Lizzie“?

Das Modell „T“ von Ford wurde „Tin Lizzie“ genannt. Es war klein und zuverlässig und kostete wenig Geld, sodass es sich viele Menschen leisten konnten.

Stimmt das?

Henry Ford erfand die Serienproduktion.

NEIN. Es wurden schon andere Dinge in großen Stückzahlen hergestellt, ehe Ford seine Firma gründete. Er erfand aber das Fließband, auf dem sich die Autos von Arbeitsplatz zu Arbeitsplatz bewegten.

Wer sprach durch ein Rohr mit dem Fahrer?

In einigen der ersten Autos waren die Fahrgäste durch eine Glasscheibe vom Fahrer getrennt. Um ihm Anweisungen zu geben, mussten sie durch ein Rohr sprechen.

Austin „Landaulet“, 1911

Wer fuhr den „Silver Ghost“?

Der „Silver Ghost“ war eines der ersten Modelle, die von der Firma Rolls-Royce gebaut wurden. Nur sehr reiche Leute konnten sich so ein Auto leisten, und meist hatten sie auch einen Chauffeur. Wie alle Autos von Rolls-Royce war der „Silver Ghost“ sehr leise und absolut zuverlässig.

Austin Modell 7

Welches Auto war besonders sparsam?

Der Austin 7 war so sparsam, dass auf 100 Kilometern lediglich 60 Cent Treibstoffkosten anfielen. Auch sein Kaufpreis war gering. Er war sehr klein und wurde deshalb oft als Spielzeugauto bezeichnet.

Stimmt das?

Taxis hatten schon immer einen Gebührenzähler.

JA. Das Wort Taxi ist die Kurzform von Taxameter – also Gebührenzähler. Diese Zähler wurden schon 1891 erfunden, um die Strecke zu ermitteln, die eine Pferdekutsche zurücklegte. Als 1907 Taxis mit Motor aufkamen, musste auch in sie ein Zähler eingebaut werden.

Wer fuhr mit einem Charabanc?

Fabrikarbeiter und ihre Familien benutzten den Charabanc, einen offenen Wagen mit Bänken an beiden Seiten, wenn sie etwas weitere Ausflüge machen wollten. Die ersten dieser frühen Busse wurden noch von Pferden gezogen.

Rolls-Royce „Silver Ghost“

Bugatti „Royale“

Erstaunlich! Ettore Bugatti entwarf den Bugatti 41 „Royale“, der das luxuriöseste Auto aller Zeiten sein sollte. Es war als Fahrzeug für Könige und Fürsten gedacht. Es war 6,70 Meter lang und hatte einen 12-Liter-Motor. Es wurden aber nur sechs Exemplare gebaut und lediglich drei verkauft.

Wer waren die Bentley-Boys?

Als Bentley-Boys wurden die Rennfahrer bezeichnet, die in den späten 1920er- und frühen 1930er-Jahren in Bentleys starteten. Die dunkelgrünen Flitzer waren zu jener Zeit bei allen großen Rennen vertreten, so auch beim 24-Stunden-Rennen von Le Mans.

Erstaunlich! **In einigen frühen Autos saßen Passagiere auch im Kofferraum. Diese Notsitze konnten eingeklappt werden und versteckten sich im anmutig geschwungenen Heck der damaligen Sportwagen.**

Bentley 4,5-Liter-Kompressor

Stimmt das?

Vor Erfindung des Blinkers gaben die Fahrer Handsignale.

JA. Mechanische Blinker wurden erst 1942 erfunden. Bis dahin streckte der Fahrer seinen Arm in die Richtung aus, in die er abbiegen wollte. Blinker, wie wir sie kennen, gibt es erst seit den 1950er-Jahren.

Womit fuhren die Filmstars der 1930er-Jahre?

Die großen Hollywoodstars entschieden sich damals für Luxusschlitten. Sie kauften große, sportliche Cabriolets, in denen sie von ihren Fans gesehen und bewundert werden konnten.

Auburn „Speedster“

Wer brauchte schnelle Fluchtfahrzeuge?

In den amerikanischen Städten der 1930er-Jahre machten viele kriminelle Banden die Straßen unsicher. Sie fuhren in modernsten Autos wie dem Ford-V-8, um nach Banküberfällen oder Schießereien schnell flüchten zu können.

Cadillac V-16, 1930

Was war die „Tin Goose“?

„Tin Goose“ war der Spitzname des Tucker ‘48, eines amerikanischen Autos mit Heckantrieb. Er hatte viele ungewöhnliche Details, etwa eine besonders stabile Fahrgastzelle und einen dritten Scheinwerfer, der bei Lenkbewegungen mitschwenkte.

Tucker „Tin Goose“

Citroën „Traction Avant“

Was ist das Besondere am Citroën „Traction Avant“?

Dieser Citroën aus dem Jahre 1934 war das erste Serienauto mit Vorderradantrieb (französisch: Traction Avant). Es war auch eines der ersten Autos mit selbst tragender Karosserie, und das zu einer Zeit, in der die Bleche noch auf Holzrahmen geschraubt wurden.

Erstaunlich! Noch 1931 gab es Autos mit Dampfantrieb. Abner Doble baute 1905 sein erstes Dampfauto und entwickelte mehrere luxuriöse Modelle. Sie waren kraftvoll und sehr leise, aber so teuer, dass Durchschnittsfahrer sie sich nicht leisten konnten.

Wie viele „Käfer“ wurden insgesamt gebaut?

Fast sieben Jahrzehnte lang, von 1935 bis 2003, wurden über 21 Millionen VW „Käfer“ gebaut. Sein knuffiges Aussehen, der niedrige Preis und seine legendäre Zuverlässigkeit machten ihn zu einem der beliebtesten Autos aller Zeiten.

VW „Käfer“

Stimmt das?

Manche Autos sind gepanzert.

JA, und zwar nicht nur Militärfahrzeuge. Sicherheitsfirmen, die viel Geld oder andere wertvolle Dinge transportieren, benutzen gepanzerte Fahrzeuge. Auch einige Limousinen sind mit kugelsicherem Blech versehen.

Welches Auto kann fliegen?

1949 entwickelte der amerikanische Ingenieur Molt Taylor ein Auto, das man zu einem Flugzeug umbauen konnte. Bis 1953 hatte er mit seinem „Aerocar“ 40 000 Flugkilometer zurückgelegt. Am Boden wurden die Flügel auf einem Anhänger transportiert.

„Aerocar“ in der Luft

„Aerocar“ ohne Flügel

Stimmt das?

Amerikanische Autos hatten die größten Heckflossen.

JA. In den 1950er-Jahren versahen amerikanische Autobauer ihre Produkte mit immer größeren Heckflossen. Vorbild waren die allerersten Düsenflugzeuge. Außerdem blitzten die Autos vor lauter Chrom und anderen Verzierungen und schluckten Unmengen an Benzin.

Erstaunlich! Der Fahrer eines Cadillac „Coupe de Ville“ brauchte nicht ans Abblenden seiner Scheinwerfer zu denken. Der Wagen hatte ein elektronisches „Auge“, das das Licht entgegenkommender Fahrzeuge erkannte und automatisch die Scheinwerfer absenkte.

Welches Auto hatte Flügeltüren?

Die Türen des Mercedes 300 SL klappten nach oben auf. Das Prinzip wurde aber aufgegeben, weil sich die Türen nicht öffnen ließen, wenn das Auto nach einem Unfall auf dem Dach lag.

Mercedes 300 SL, 1952

Was war ein T-Bird?

T-Bird war der Spitzname des Ford „Thunderbird“, der 1953 auf den Markt kam. Der „Donnervogel“ war ein ausladendes Cabrio mit lediglich zwei Sitzen. Er zählte zu den typischen Spritfressern seiner Zeit.

Ford „Thunderbird“

Wer fuhr in einem Ei?

Der BMW „Isetta“ wurde wegen seiner Form „Ei“ oder „Kugelblitz“ genannt. Er hatte nur eine Tür, die sich nach vorne öffnete. Im Inneren gab es Platz für den Fahrer und einen Passagier.

BMW „Isetta“

Was ist ein Smart?

Der erste Smart war ein Gemeinschaftsprodukt des Uhrenherstellers Swatch und von Daimler-Benz. Er ist nur 2,5 Meter lang und wiegt 730 Kilogramm. Dank seiner geringen Größe ist er für die Fahrt durch verstopfte Innenstädte ideal.

„Smart“

Erstaunlich! Nicht alle Spielzeugautos sind gleich groß. Reiche Eltern können für ihre Kinder Spielzeugautos kaufen, die den echten Autos originalgetreu nachgebaut sind. Sie haben einen echten Motor, Bremsen und Licht. Auf den Straßen dürfen sie jedoch nicht gefahren werden.

Morris Mini Minor

Stimmt das?

Autos können wachsen.

JA. Ein Auto kann länger werden, wenn in der Mitte ein Extrateil eingefügt wird. Die längsten Autos der Welt sind Stretchlimousinen mit bis zu fünf Sitzreihen.

Was ist ein Mini?

Der Mini ist ein britischer Kleinwagen aus der Werkstatt des Autodesigners Alec Issigonis. Er wurde 1959 entwickelt und erfreute sich in den 1960er-Jahren großer Beliebtheit. Für viele Filmschauspieler und Popstars wurde er zum Markenzeichen.

Wer steckt sein Auto in Flammen?

Das Aufmalen lodernder Flammen ist eine der ältesten und beliebtesten Techniken zur Verzierung des eigenen Autos. Mehrfarbige Flammen vermitteln den Eindruck von Geschwindigkeit und Kraft. Es gibt viele Menschen, die ihr Auto durch Lackierungen oder Umbauten individuell gestalten.

Lowrider

Stimmt das?

Oldtimerfans haben ein neues Auto entwickelt.

JA. Der „T-Bucket“ ist ein umgebauter Ford-T, bei dem fast alle Originalteile durch bessere und leistungsstärkere Teile ersetzt wurden. Er hat einen größeren Motor, dickere Reifen, eine bessere Aufhängung und Chromauspuffe.

Was ist ein Lowrider?

Auch Lowrider entstehen durch individuelle Umbauten. Sie sehen ein wenig zusammengedrückt aus. Tatsächlich aber wurden Teile oberhalb der Türen entfernt, und die gesamte Wagenaufhängung wurde tiefer gelegt.

Liebhaberauto mit Speziallackierung

Street Rod

Erstaunlich! **Lowrider können hüpfen. Die umgebaute Aufhängung erlaubt dem Wagen einen fast stufenlos verstellbaren Bodenabstand. Aufhängung und Federung sind so stark, dass ein Lowrider von seinem Fahrer regelrecht zum Hüpfen gebracht werden kann.**

Was sind Street Rods?

Street Rods sind für Ausstellungen und Shows umgebaute viersitzige Oldtimer. In ihnen stecken frisierte Motoren, die die vergrößerten Hinterräder antreiben. Die wahren Fans verbringen all ihre Zeit damit, ihren geliebten Street Rod auf Hochglanz zu polieren.

Was ist ein Sportwagen?

Sportwagen werden vor allem für schnelles und schnittiges Fahren entworfen. Sie verfügen über starke Motoren und beeindrucken nicht nur mit ihrer Beschleunigung, sondern auch mit ihrer Höchstgeschwindigkeit. Sie haben breite Reifen für eine bessere Bodenhaftung, meist nur zwei Sitze und einen kleinen Kofferraum.

Jaguar E

Porsche 911

Welcher Sportwagen wird noch von Hand gefertigt?

In einer Fabrik in Malvern, England, werden die Morgan-Sportwagen noch immer von Hand zusammengebaut. Auch wenn sie altmodisch aussehen, können sie es durchaus mit jedem modernen Sportwagen aufnehmen.

Morgan „Plus Eight"

Erstaunlich! **Wie ein Frosch erschien die Front des Austin-Healey-Sportwagens „Sprite". Dank seiner bauchigen Scheinwerfer und dem frech grinsenden Kühlergrill erhielt er schon 1958 den Spitznamen „Frogeye" (Froschauge).**

Stimmt das?

Wenn es warm wird, kann man ein Cabriolet auch während der Fahrt öffnen.

NEIN. Der Fahrtwind würde das Verdeck aus seiner Befestigung reißen. Ein elektrisch betriebenes Verdeck funktioniert ohnehin nur bei angezogener Handbremse. Also heißt es: Stehen bleiben, Verdeck öffnen und die Sonne genießen!

Lotus „Elise"

Ferrari 360 „Modena"

Welcher Renner wurde nach einem Wildpferd benannt?

Der Ford „Mustang" verdankt seinen Namen den verwilderten Pferden Nordamerikas. Er wurde 1964 vorgestellt und aufgrund seiner Erscheinung und des niedrigen Kaufpreises schnell zu einem großen Erfolg.

Ford „Mustang"

Wer erfand den Jeep?

Bis in den Zweiten Weltkrieg hinein baute die Firma Willy-Overland ganz gewöhnliche Autos. Doch dann produzierten sie eines der bekanntesten Fahrzeuge aller Zeiten: Der Jeep war ein Allzweckfahrzeug mit Allradantrieb, das aus der amerikanischen Armee alsbald nicht mehr wegzudenken war.

Crossley-Limousine

Jeep

Was ist ein Allradantrieb?

Bei den meisten Autos wird die Motorkraft nur auf zwei Räder, vorne oder hinten, übertragen. Werden alle vier Räder angetrieben, kommt das Fahrzeug auch im Gelände, auf schlammigen Wegen und an steilen Hängen gut voran.

Erstaunlich! König George V. von England besaß für Fahrten durchs Gelände eine Limousine mit sechs Rädern. Sie wurde 1929 von der Firma Crossley gebaut und hatte einen 6-Zylinder-Motor mit 3,8 Litern Hubraum. Das Modell ging nie in Serie, es blieb eine Sonderanfertigung.

Stimmt das?

Es gibt Autos auf dem Mond.

JA. Die Raumkapseln Apollo 15, 16 und 17, die bis 1972 zum Mond flogen, hatten geländegängige Elektrofahrzeuge dabei, mit denen die Astronauten interessante Steine einsammeln konnten. Alle drei Autos stehen noch immer auf dem Mond.

Welches Auto kann schwimmen?

Das Amphicar von 1962 war halb Auto, halb Boot. Es hatte zwei Schiffsschrauben, und die vorderen Räder fungierten als Ruder. Die Heckflossen verhinderten, dass Wasser in den Motor eindrang.

„Amphicar“

Wie bauen Roboter Autos?

Autos werden heutzutage von Robotern zusammengeschweißt und lackiert. Ingenieure programmieren die Roboter so, dass sie jede Schweißnaht immer wieder an dieselbe Stelle setzen: 24 Stunden am Tag und ohne müde zu werden.

Produktionsroboter

Was ist ein Dummy?

Ein Dummy ist eine menschengroße Puppe, die bei Crashtests als „Insasse" eingesetzt wird. Dummys sind mit elektronischen Geräten ausgestattet, die genau aufzeichnen, was bei einem Aufprall mit welchem Körperteil passiert. Eventuell müssen dann die Sicherheitssysteme des Autos überarbeitet werden.

Dummy beim Aufprall

Stimmt das?

Autos werden im Windkanal getestet.

JA. **Ein Windkanal ist ein Tunnel mit einem riesigen Gebläse. Ingenieure untersuchen die Strömungen der Luft rund um das Auto. Je weniger Widerstand es der Luft bietet, desto schneller ist es.**

Erstaunlich! **Sind Autos nicht mehr zu gebrauchen, werden sie in der Schrottpresse zu kompakten Würfeln gepresst. Aus diesem Alteisen können dann wieder neue Autos hergestellt werden.**

Wie werden Autos entwickelt?

Autos werden komplett am Computer entwickelt. Ingenieure planen, wie das fertige Auto einmal aussehen soll.

Wie arbeitet ein Verbrennungsmotor?

Alle modernen Autos haben einen Verbrennungsmotor. In geschlossenen Zylindern innerhalb des Motors wird eine Mischung aus Treibstoff und Luft zur Explosion gebracht.

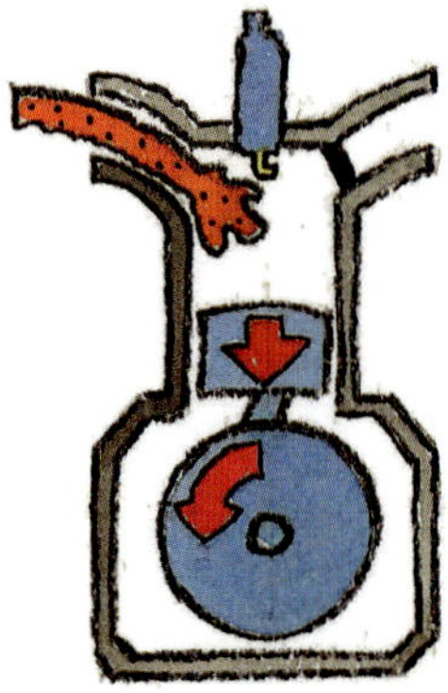

1 Eine Luft-Treibstoff-Mischung wird in den Zylinder gesaugt.

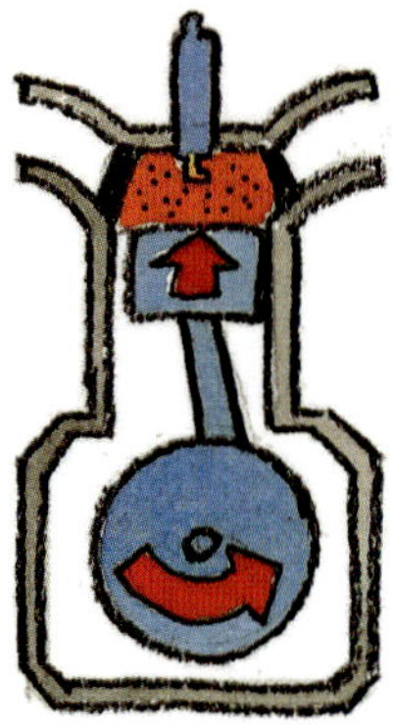

2 Die Mischung wird durch den Kolben zusammengedrückt.

3 Ein Zündkerzen-Funke bringt die Mischung zur Explosion, der Kolben schnellt nach unten.

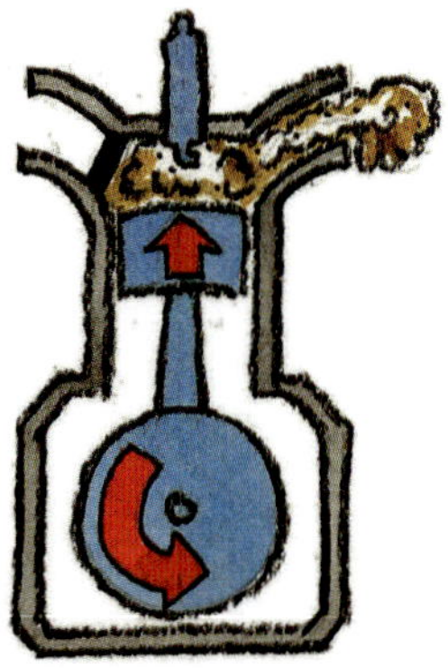

4 In der Aufwärtsbewegung drückt der Kolben das Auspuffgas aus dem Zylinder.

Wofür ist die Gangschaltung da?

Ein Getriebe überträgt die Motorleistung auf die Antriebsräder. Es können unterschiedliche Leistungsstufen oder Gänge gewählt werden. Der erste Gang ist zum Anfahren und die höheren Gänge sind für schnelleres Fahren ausgelegt.

Austin-Healey 3000 Mk III

Stimmt das?

Das Reifenprofil sorgt für die Bodenhaftung.

NEIN. Allein das Gummi der Reifen sorgt dafür! Das Profil ist das Rillenmuster und dient dazu, bei Regen das Wasser zwischen Reifen und Fahrbahn zu verdrängen, damit das Auto nicht ins Schleudern kommt.

Wozu braucht ein Auto Federn?

Stahlfedern, Gasdruck- oder Hydraulik-Stoßdämpfer sorgen dafür, dass die Insassen eines Autos auch auf unebenen Straßen nicht allzu sehr durchgeschüttelt werden. Die Federung sorgt also für mehr Komfort während der Fahrt.

Gab es schon Autos mit Schleudersitz?

Nur im Film! In „Goldfinger" fuhr James Bond einen Aston Martin DB5, bei dem er sich per Schleudersitz unliebsamer Beifahrer entledigen konnte. Zusätzlich war der Wagen mit Maschinengewehren, einer Panzerung und ausklappbaren Klingen ausgestattet, die die Reifen anderer Fahrzeuge aufschlitzen konnten.

Aston Martin DB5

Erstaunlich! **Sobald der Papst den Vatikan verlässt, zeigt er sich in einem Spezialauto, dem „Papamobil". Unter einer kugelsicheren Glaskuppel bleibt er für die Gläubigen sichtbar, ohne dass er selbst in Gefahr gerät.**

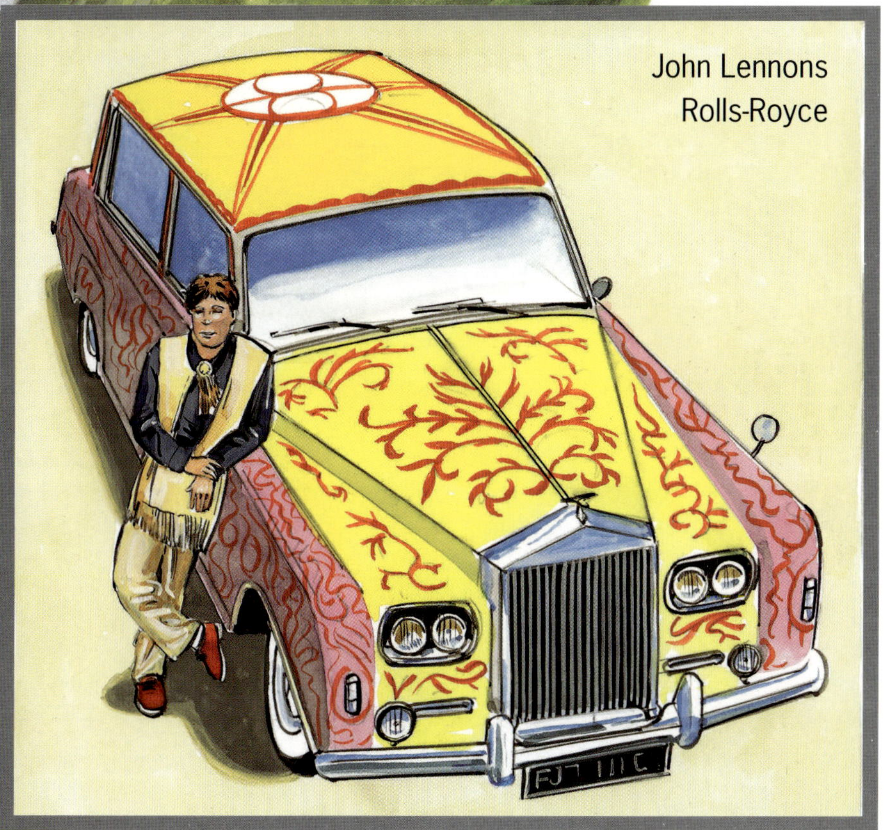

John Lennons Rolls-Royce

Wer besaß den poppigsten Rolls-Royce?

John Lennon, einer der vier Beatles. In den 1960er-Jahren ließ er seinen „Phantom V“ im Stil der damaligen Zeit bunt bemalen.

Welches Auto hatte sechs Räder?

1977 entwickelte Bob Jankel den sehr eigenwillig geformten „Panther Six“. Er war fast 5 Meter lang und knapp 2 Meter breit. Der Wagen, dessen zwei Vorderachsen lenkbar waren, ging aber nie in Serie.

Stimmt das?

Es gab einmal ein Auto namens „Chitty Chitty Bang Bang“.

JA. **Im Jahre 1921 ließ Graf Louis Zborowski unter diesem Namen drei mit Flugzeugmotoren angetriebene Rennautos bauen. In allen drei Wagen nahm der Graf an Rennen teil, ehe er 1924 bei einem Unfall ums Leben kam.**

„Panther Six“

Welches Auto kann man zusammenklappen?

Der Renault „Zoom“ kann sich noch kürzer machen, als er ohnehin schon ist. In engen Parklücken lassen sich seine Hinterräder einklappen. Sein umweltfreundlicher Motor wird mit aufladbaren Batterien betrieben.

Renault „Zoom“

„NECAR 4“

Wie werden zukünftige Autos angetrieben?

Der „NECAR 4“, ein Versuchsauto, läuft mit flüssigem Wasserstoff. Aus einem Behälter im Heck gelangt der Wasserstoff in eine Antriebszelle, in der elektrischer Strom erzeugt wird. Dieses Auto ist leise und praktisch. Es erzeugt keine Auspuffgase, sondern nur Wasser.

Stimmt das?

Pflanzen können Autos antreiben.

JA. In vielen Ländern experimentiert man mit Treibstoffen, die aus Raps gewonnen werden. In Brasilien zum Beispiel sollen große Plantagen entstehen, um das Problem der Erdölknappheit mit nachwachsenden Rohstoffen zu lösen.

Gibt es Autos mit Solarantrieb?

Ja, Ingenieure experimentieren mit Motoren, die durch Sonnenenergie angetrieben werden können. Solche Autos müssen auf dem Dach Sonnenkollektoren haben – wie das Modell auf der Abbildung.

Prototyp eines Solarautos

MALLARD
4468
No 4468

KAPITEL VIER

EISENBAHNEN

Gab es Züge ohne Lokomotive?

Schon ab 1800 gab es in Wales und Österreich einen regelrechten Schienenverkehr. Die Güter-„Züge" wurden von Pferden auf Gleisen gezogen – und nicht auf holprigen Straßen.

Welche Lok zog den ersten Personenzug?

George Stephensons „Locomotion" gewährleistete ab dem Jahre 1825 zwischen Stockton und Darlington (England) einen regelmäßigen Personenverkehr. Vier Jahre später gewann Stephensons „Rocket" bei einer Wettfahrt einen stattlichen Geldpreis.

„Locomotion"

Trevithicks „Catch Me Who Can“, 1808

Welches war die erste Zugmaschine?

1804 stellte der Bergwerksingenieur Richard Trevithick die erste mobile Dampfmaschine vor. Vor einer staunenden Menge transportierte er mit ihr 70 Männer und 10 Tonnen Eisenerz. Seine nächste Konstruktion wurde zu einer Jahrmarktattraktion.

Pferdebahn

Erstaunlich! **Noch in den 1950er-Jahren gab es Pferdebahnen. Auf einer nordirischen Strecke wurden sie bis ins Jahr 1957 eingesetzt.**

Stimmt das?

Schon in der Antike gab es Dampfmaschinen.

JA. Heron von Alexandria erdachte im 1. Jahrhundert n. Chr. eine mit Dampf betriebene Kugel, den Äolsball. Weil Sklavenarbeit aber kaum etwas kostete, interessierte sich niemand für solche Arbeitserleichterungen.

Kupplung

Wie werden Eisenbahnwaggons miteinander verbunden?

Mit einer mehrteiligen Kupplung. Manche Züge werden auch heute noch von Hand gekoppelt, was sehr gefährlich sein kann.

Was ist eine Lokomotive?

Eine Lokomotive ist die treibende Kraft eines Zuges. Dampf- und Dieselloks führen neben dem Motor auch den notwendigen Treibstoff mit sich, während E-Loks die Antriebsenergie über eine Oberleitung erhalten.

Amerikanische Baldwin-Lokomotive

Wer steuert den Zug?

Züge fahren auf Schienen, darum brauchen sie kein Steuerrad. Im Stellwerk werden die Weichen umgestellt, um den Schienenverlauf und die Fahrtrichtung von Zügen zu ändern.

Stellwerk

Erstaunlich! **Manche Züge sind mit einer besonderen Neigetechnik ausgestattet und legen sich wie ein Motorrad in die Kurve. Damit keine Kaffeetasse ins Rutschen gerät, berechnen Computer die Schräglage und gleichen die Neigung aus.**

Stimmt das?
Manche Züge fahren mit Windkraft.

JA. Zumindest taten es einige in der Frühzeit der Eisenbahn. Um 1830 experimentierte die amerikanische Baltimore-&-Ohio-Linie mit Segelantrieb.

Wie entsteht der Dampf?

Jede Dampflok braucht einen Heizer, der Kohle oder einen anderen Brennstoff in die Feuerbüchse schaufelt. Das Feuer bringt das Wasser im Kessel zum Kochen, und es verwandelt sich in Dampf. Der Rauch des Feuers entweicht aus dem Schornstein.

Wie funktioniert der Dampfantrieb?

Eine Dampfmaschine ist wie ein großer Kessel. Der unter Druck stehende Dampf bringt die Kolben im Zylinder in Bewegung. Die Kolben wiederum drehen über das Kurbelstangengetriebe die Treib- und Kuppelräder – die Lokomotive fährt.

Eisenbahn der königlichen Familie, Russland 1837

Erstaunlich! **Die erste Eisenbahn Russlands war im privaten Besitz der königlichen Familie. Der russische Zar ließ 1837 drei Lokomotiven für sich bauen. Sie fuhren auf einer privaten Trasse zwischen dem Palast und dem königlichen Feriendomizil.**

Stimmt das?

Eine Dampflok kann bis zu 200 km/h erreichen.

JA. 1938 zog die Dampflok „Mallard“ einen Zug von 240 Tonnen mit einer Geschwindigkeit von 202,7 km/h. Noch heute ist dieser Rekord ungebrochen. Die Dampfmaschine war von Herbert Gresley frisiert worden und fuhr anschließend mit doppelter Kraft. Heute steht „Mallard“ in einem Museum im englischen York.

Wann fuhren die Dampflokomotiven?

Das goldene Zeitalter der Dampfmaschinen begann um 1850 und endete in den späten 1950er-Jahren. Heute sind die Dampfloks aus den Industrieländern verschwunden und fahren nur noch als Touristenattraktion. In Entwicklungsländern dagegen sind sie noch heute im Einsatz.

Dampflokomotive des Ingenieurs Patrick Stirling

Welche Diesellok war ein „Hundertfüßer“?

Bei der amerikanischen Pennsylvania Railroad gab es einmal einen Triebwagen, bei dem sich 6000 PS Leistung auf ein Dutzend direkt angetriebener Achsen verteilte.

„Kitson-Still“, 1924

Erstaunlich! Mit Diesel konnten auch Dampfloks betrieben werden. Bei der „Kitson-Still“-Lokomotive von 1924 wurde Dieseltreibstoff verheizt, um Dampf zu erzeugen, der dann die Räder in Gang setzte.

Wann endete das Zeitalter der Dampflokomotiven?

Nach dem Zweiten Weltkrieg wurden immer mehr Diesel- und Elektrolokomotiven eingesetzt. Die neuen Antriebe waren sauberer, schneller und zuverlässiger als die Dampfeisenbahn.

Amerikanischer Passagierzug mit Diesellok

Welche Lok sah wie ein Flugzeug aus?

Der so genannte Schienenzeppelin aus dem Jahre 1931 besaß einen Propeller, der ihn wie ein „umgedrehtes" Flugzeug über die Schienen schob. In Testfahrten erreichte ein Prototyp bis zu 230 km/h, doch galt der Schienenzeppelin als zu laut und zu gefährlich.

Schienenzeppelin, 1931

Stimmt das?

Dieselloks haben Elektromotoren.

JA. Bei allen modernen Dieselloks treibt der eigentliche Motor einen oder mehrere Generatoren an. Mit den Elektromotoren kann die Energie in allen Leistungsstufen gleichmäßiger eingesetzt werden.

Siemens-Elektrobahn

Stimmt das?

Elektrozüge wurden 1879 erfunden.

JA. Werner von Siemens stellte auf der Gewerbeausstellung von 1879 in Berlin einen Elektrozug vor. Die Leute standen Schlange, um eine Probefahrt auf dem kleinen Wagen mitzumachen.

In welchem Land fuhren die ersten E-Loks?

In Frankreich. Die Strecke zwischen Paris und Orléans war bereits ab 1900 elektrifiziert. Seit 1981 verkehren auf mittlerweile allen wichtigen Strecken in Frankreich Hochgeschwindigkeitszüge, „Trains du Grand Vitesse“, kurz: TGV.

Was ist ein Pantograph?

Ein Pantograph ist der Metallbügel, der die E-Lok an die Oberleitung anschließt – ähnlich der Stange am Heck eines Autoskooters.

Erstaunlich! **Europa wächst zusammen: Züge können mittlerweile ohne Halt vom Stromnetz des einen zu dem eines anderen Landes wechseln. Doch an der spanischen und an der russischen Grenze müssen die Fahrgestelle der Züge noch immer an eine unterschiedliche Spurweite angepasst werden.**

Untergrundbahn

Sind Elektromotoren besser als Dieselmotoren?

Der Einsatz teurer Elektrosysteme ist auf Schnellstrecken, aber auch bei S- und U-Bahnen eine Selbstverständlichkeit. Dieselantriebe eignen sich für Strecken, für die eine Elektrifizierung nicht in Frage kommt.

Französischer Hochgeschwindigkeitszug TGV, 1981

Britischer Güterzug für Kohletransport

Wie wird Kohle verladen?

Kohlewaggons werden im Bergwerk beladen und fahren dann auf Schienen zum nächsten Kraftwerk oder Hafen, wo die Kohle auf Schiffe geladen wird. Sie werden durch Umkippen oder über eine Klappe im Boden geleert.

Welcher Zug war luxuriös?

Der Orient-Express bot seinen Passagieren zwei Salonwagen, einer speziell für die Damen, Schlafsuiten mit kompletter Bedienung und einen fantastischen Speisewagen, in dem in stilvoller Abendgarderobe diniert wurde. Eine moderne Version des Orient-Express fährt noch heute zwischen London und Venedig.

Speisewagen im Orient-Express

Erstaunlich! **Vor der Erfindung der Luftdruckbremse 1869 rannte der Bremser durch den Zug und bremste jeden Waggon einzeln! Heute werden die Bremsen vom Zugführer bedient.**

Wer war Pullman?

Die Karriere des Zimmermanns George Pullman begann 1859, als er zwei schmuddelige Passagierwagen umbaute. In den 1920er-Jahren hatte die Firma Pullman 10 000 luxuriöse Pullman-Wagen im Dienst. Sie waren berühmt für ihren Komfort, ihren Stil und den exzellenten Service, den sie ihren glücklichen Passagieren boten.

Postzug

Stimmt das?

Es gibt Postämter auf Schienen.

JA. Ober- und unterirdisch sind weltweit Postzüge unterwegs. Manche halten gar nicht – Postsäcke werden auf- oder abgeworfen, während der Zug vorbeirast. Die Sortierer im Zug müssen sehr schnell sein, denn schon bei der nächsten Station müssen Briefe oder Pakete den Zug verlassen.

Gibt es Gleise aus Holz?

In Tasmanien wurde ein 7 Kilometer langer Schienenstrang aus Kautschukbäumen verlegt. Strafgefangene schoben den Waggon den Berg hinauf, sprangen zur Seite, und der Wagen raste bergab.

Erstaunlich! **Manche Züge haben Zähne. Auf steilen Hängen bieten normale Schienen keinen Halt, die Züge würden ins Rutschen geraten. Zahnradbahnen fahren mit speziellen gezahnten Rädern auf einer dritten, ebenfalls gezahnten Schiene, die dadurch sicheren Halt bietet.**

Wie werden Gleise verlegt?

Zunächst wird der Boden vorbereitet. Dazu werden Bäume gefällt, oder es wird eine flache Piste durch hügeliges Land geschlagen. Die Holzschwellen werden in gleichmäßigen Abständen zueinander ausgelegt. Auf den Schwellen werden die Schienen befestigt. Wird die Trasse länger, versorgt ein Zug die Baustelle mit Schienen und Schwellen.

Stimmt das?

Alle Züge fahren auf zwei Schienen.

NEIN. Manche Züge fahren auf einer Schiene. Monogleise stellen in vielen Großstädten ein wichtiges Transportsystem dar. Entsprechende Züge fahren auch in Vergnügungsparks, auf Flughäfen und in großen Industrieanlagen.

Was wurde durch die Luft geblasen?

1861 wurde ein Zug gebaut, der sich, angetrieben von einer Druckwelle, durch einen Tunnel bewegte. Der Tunnel war nur 76 Zentimeter breit, und der Zug sollte Postsäcke transportieren.

Monogleis

Gleisbau in Kanada, 1880

Cable-Car in San Francisco

Welche Straßenbahn fährt an Seilen?

Cable-Cars werden mithilfe eines Endlos-Stahlseils angetrieben, das in einer Spalte zwischen den Schienen verlegt ist. Wie bei einer Berg-Seilbahn ist dieses Seil in ständiger Bewegung; haken sich die Waggons daran an, können sie auch sehr steile Strecken bewältigen.

Wo verläuft die längste gerade Bahnstrecke?

In dicht besiedelten Gegenden ist es schwierig, direkte Schienenverbindungen zu bauen. In weniger oder gar nicht besiedelten Regionen dagegen ist das einfacher. Die längste schnurgerade Strecke führt 478 Kilometer weit durch die australische Wüste.

Erstaunlich! **Eisenbahnen können verschwinden. Im Amerikanischen Bürgerkrieg bauten die Truppen der Südstaaten einige unbedeutendere Bahnstrecken ab und sandten das Material an die Front. Die Staaten Florida und Texas lösten dabei ihr gesamtes Schienennetz auf.**

Stimmt das?

Das Schienennetz Nordamerikas ist länger als der Äquator.

JA. Würde man alle Schienenstrecken des Kontinents aneinander legen, würde die Strecke mit 240 000 Kilometern sechsmal um die Erde führen.

Können Züge Afrika von Nord nach Süd durchqueren?

Eine lückenlose Verbindung gibt es nicht. Im späten 19. Jahrhundert plante Cecil Rhodes eine Bahnlinie vom ägyptischen Kairo bis nach Kapstadt, das fast 10 000 Kilometer entfernt in Südafrika liegt. Doch fanden sich für den Bau der Strecke zu wenig Arbeitskräfte. 28 Arbeiter wurden in der Athi-Ebene in Kenia von Löwen getötet.

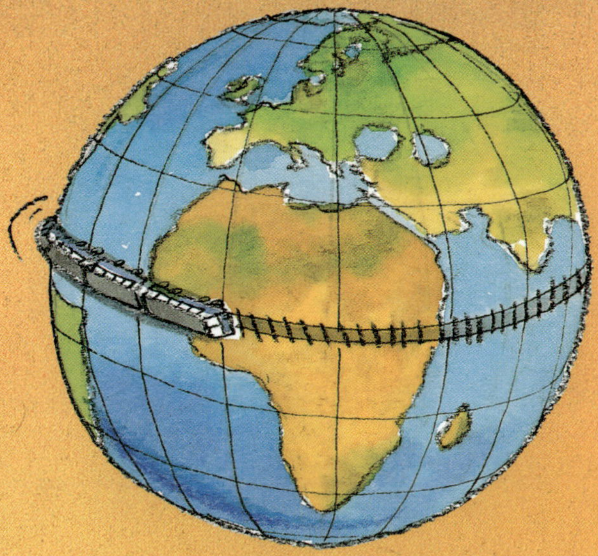

Indian-Pacific-Railway in Australien

Tunnelbohrer

Welches ist der längste Eisenbahntunnel?

Der Seikan-Tunnel zwischen den japanischen Inseln Honshu und Hokkaido mit 54 Kilometern. Er wird aber im Jahre 2012 von dem Schweizer Gotthard-Basistunnel mit 57 Kilometern Länge übertroffen werden.

Royal Albert Bridge

Wessen Namen trägt die Royal Albert Bridge?

Zwar ist die 1859 eingeweihte Eisenbahnbrücke über den südenglischen Fluss Tamar nach Albert, dem Prinzgemahl von Königin Victoria, benannt, doch tragen die Brückenportale auch den Namen ihres Erbauers, des Ingenieurs Isambard Kingdom Brunel.

Wo gab es die erste Hochbahn?

Um 1880, noch ehe es Autos gab, kämpfte die Stadt New York bereits mit ernsten Verkehrsproblemen. Darum baute man eine Hochbahn über den Straßen. Sie verkehrt noch heute.

Hochbahn in New York

Erstaunlich! Züge können mit Schiffen fahren. Gegen Ende des 19. Jahrhunderts nahmen Eisenbahnfähren den Verkehr zwischen England und Frankreich auf. Nun konnten die Fahrgäste von London bis Paris auf ihren Plätzen sitzen bleiben.

Stimmt das?

Brunel setzte sich sein eigenes Denkmal.

JA. Isambard Brunel konstruierte auch den Box-Tunnel in der Nähe von Bristol. Brunel hat ihn so angelegt, dass einmal im Jahr, zu seinem Geburtstag, die Sonne die schnurgerade Röhre durchscheint.

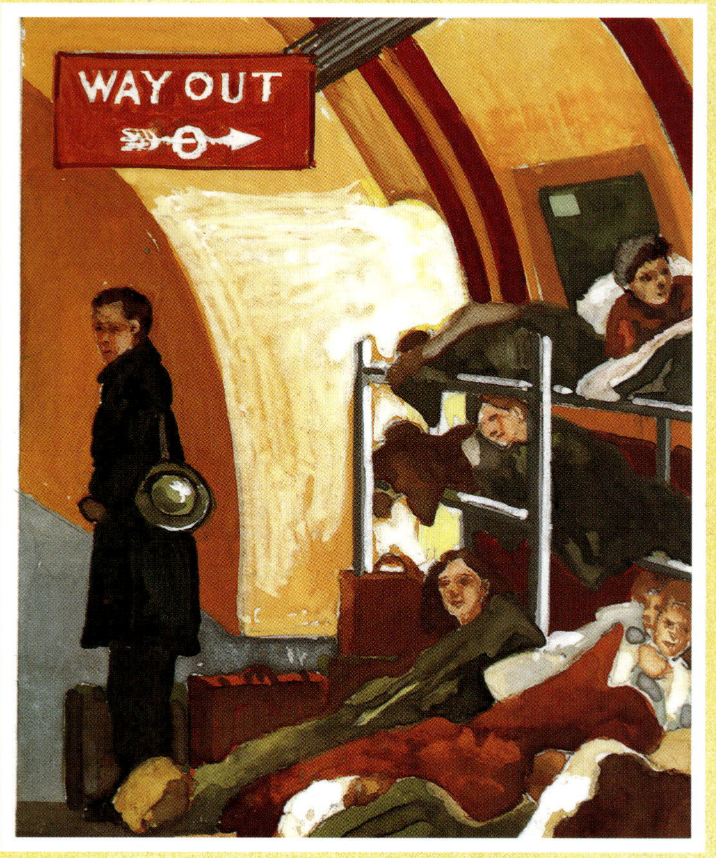

Londoner U-Bahn, 1940

Wer schlief in der „Tube“?

Während der Luftangriffe auf London im Zweiten Weltkrieg flohen viele Menschen in die Londoner U-Bahn, die so genannte „Tube“ (Röhre). Es muss sehr eng gewesen sein, aber es war sicherer als auf den Straßen.

Wann waren die ersten Züge im Kriegseinsatz?

Zwischen 1861 und 1865 fuhren einige wenige Züge im Amerikanischen Bürgerkrieg. Im Ersten Weltkrieg waren sie dann voll im Einsatz, um die vielen Soldaten zu den Schlachtfeldern Nordeuropas zu transportieren.

Erstaunlich!

Im Amerikanischen Bürgerkrieg zerstörte die Armee der Nordstaaten unter General Sherman die Trassen des Südens, indem Schienenteile wie Haarnadeln um Strommasten gebogen wurden.

Stimmt das?

Die ersten Panzer fuhren mit dem Zug.

JA. **Im Ersten Weltkrieg wurden die ersten Panzer in einer geheimen Aktion eingepackt und mit dem Zug an die Front gebracht. Offiziell hieß es, in den großen Bündeln befänden sich Öltanks.**

Gepanzerter Zug, Südafrika, 1900

Welcher Zug ist ein Panzer?

Manche Züge waren gepanzert, um wichtige Militärs auf dem Weg zu ihren Truppen zu schützen. Einige von diesen Panzerzügen hatten auch Kanonen an Bord.

Truppentransport im Ersten Weltkrieg

Wann ereignete sich der größte Eisenbahnraub?

1963 wurde in der Nähe von London ein kompletter Zug mit Geldsäcken ausgeraubt. Die Räuber entkamen mit mehr als 2,5 Millionen Pfund. Das entspricht heute etwa 50 Millionen Euro.

Ausgeraubter Waggon

Erstaunlich!

Am Mwatate-Damm in Kenia haben Lokführer auf Dämonen zu achten. Anwohner glaubten, dass deswegen so viele Zugunglücke geschahen, weil die Geister des Ortes verärgert waren. Seit die Züge den Geistern zu Ehren kurz anhalten, hat es keine Unfälle mehr gegeben.

Eisenbahnunglück an der Harcourt Street Station, Dublin

Warum können Züge verunglücken?

Zugunglücke können verschiedene Ursachen haben, vielleicht eine falsch gestellte Weiche oder eine überlastete Brücke. Als dieser Viehzug durch die Mauer eines irischen Bahnhofs raste, gab es wie durch ein Wunder keine Toten. Normalerweise ist die Eisenbahn aber ein sehr sicheres Verkehrsmittel.

Wurden alle Eisenbahnprojekte verwirklicht?

Nein. 1883 begannen die Engländer damit, einen Tunnel unter dem Ärmelkanal zu bauen. Sie kamen etwa 2 Kilometer weit. Dann sorgten die wachsenden Ängste vor einer französischen Invasion für ein Ende des Vorhabens.

Stimmt das?

Manche Lokomotiven sind zu groß.

JA. 1934 wurde in der Sowjetunion eine Lok gebaut, die zu schwer und zu plump war. Mit ihren starr gelagerten Rädern verbog sie in Kurven die Schienen und landete schließlich in einem Graben.

Entgleisung in Russland, 1934

Erstaunlich! **Für die Zuglinie zu ihrem Schloss in Balmoral ließ die englische Königin Victoria eine Brücke über den Fluss Tay bauen. 1879 stürzte die Brücke ein und riss einen Zug mit 90 Passagieren mit in die Tiefe.**

Einsturz der Tay-Brücke

Kann ein Zug kopfüber fahren?

Auch Achterbahnen sind Züge. Sie haben nicht nur auf den Schienen, sondern auch neben und unter den Schienen Räder, sodass sie nicht abstürzen können. So manche Achterbahn nutzt diese Sicherheitsvorkehrung voll aus und fährt kopfüber.

Miniatureisenbahn

Stimmt das?

Man kann in einem Spielzeugzug mitfahren.

JA. Aber nicht in allen. Modellbauer bauen Loks und Waggons originalgetreu in fünf- bis sechsfacher Verkleinerung nach.

Welcher Zug erklimmt einen Vulkan?

Aso Boy, der Nachbau eines Zuges aus dem Wilden Westen, bringt Touristen bis zum Krater des japanischen Vulkanes Aso. Die Mannschaft trägt Cowboy-Kostüme, damit sich die Fahrgäste wie im Wilden Westen fühlen.

Können Modellzüge verunglücken?

Schon seit den großen Zugkatastrophen zu Beginn des 20. Jahrhunderts spielen Kinder mit ihren Zügen Unfälle und Entgleisungen nach. Für besonderen Spaß sorgt ein Spielzeughersteller, dessen Zug bei einem Zusammenstoß explodiert.

Achterbahn

Wie lang war der längste Zug?

Der längste Zug aller Zeiten war ein Güterzug mit 7,3 Kilometer Länge. Für den mit 1,7 Kilometern längsten Passagierzug gab es in Belgien keinen passenden Haltebahnhof.

Erstaunlich! **Acht Männer können an einem Tag 16 Kilometer Schienen verlegen. Diesen Rekord stellte eine amerikanische Baukolonne am 18. April 1869 auf.**

Welcher Zug ist am schnellsten?

Seit dem Ende des Zweiten Weltkriegs konkurrieren die japanischen und französischen Eisenbahnen um den schnellsten Zug der Welt. Den aktuellen Rekord hält der TGV mit 515 km/h.

Stimmt das?
Ein Zug kann schwerer sein als der Eiffelturm.

JA. **1996 wog ein australischer Bergwerkszug 72 191 Tonnen. Das entspricht mehr als acht Eiffeltürmen.**

Welches ist die längste Eisenbahnlinie?

Die transsibirische Eisenbahn mit ihren 9288 Kilometern zwischen Moskau und Wladiwostok. Der „Trans-Sibirien-Express“ bewältigt die Strecke in acht Tagen. Der Zug taucht in vielen Büchern und Filmen auf und ist fast so berühmt wie der „Orient-Express“.

Transsibirische Eisenbahn

Welcher Zug konnte fliegen?

Bei dem französischen „Aérotrain" handelte es sich um den Prototyp eines neuartigen Schnellbahnsystems. Die Idee eines schienengestützten Luftkissenfahrzeugs scheiterte in den 1970er-Jahren an technischen Problemen und dem enormen Spritverbrauch des Düsentriebwerks.

„Aérotrain"

Erstaunlich! Ein Schienenfahrzeug erreichte achtfache Schallgeschwindigkeit. In einem amerikanischen Test fuhr 1982 ein unbemanntes Raketenfahrzeug auf Schienen 9851 km/h. Auf einer geraden Strecke könnte es die achttägige Reise des „Trans-Sibirien-Express" in weniger als einer Stunde zurücklegen.

Welcher Zug ist schnell wie ein Geschoss?

Der schnellste Zug Japans, der „Shinkansen", erinnert mit seiner spitzen Nase und seinem Tempo in der Tat an eine Gewehrkugel. Der schnellste Typ erreicht 300 km/h.

Sind Züge umweltfreundlich?

Züge sind umweltfreundlicher als viele andere Verkehrsmittel. Vor allem in Städten können U-Bahnen und Straßenbahnen die Luftverschmutzung durch Autos, Busse und Taxis verringern. Auf längeren Strecken verbrauchen Züge weniger Energie als Flugzeuge.

Stimmt das?

Manche Züge fahren auf Magneten.

JA. In Deutschland und Japan werden Züge entwickelt, die auf Magnetfeldern über den Schienen schweben. Mittlerweile kommt der deutsche „Transrapid“ in China zum Einsatz.

JR500 „Shinkansen“

FOX RACING
YAMAHA
1
YAMAHA
YAMAHA

KAPITEL FÜNF

ZWEIRÄDER

Wer montierte erstmals Pedalen an ein Fahrrad?

Der schottische Schmied Kirkpatrick Macmillan im Jahre 1838. Vorher stießen sich Radfahrer mit den Füßen vom Boden ab.

Kirkpatrick Macmillan

Hochrad

Was ist ein Hochrad?

Einige der frühen Fahrräder hatten ein sehr hohes Vorderrad und ein winziges Hinterrad. Wer sie fuhr, behielt wenigstens den Überblick.

Erstaunlich!

Schon in den 1880er-Jahren gab es Dreiräder für zwei Personen. Jeder der Fahrer hatte zwei Pedale, mit denen man die beiden großen Hinterräder antrieb.

Seit wann gibt es „moderne“ Fahrräder?

Das Sicherheitsfahrrad kam 1885 auf den Markt und sah fast so aus wie heutige Fahrräder. Es hatte zwei gleich große Räder und einen Metallrahmen. Die Pedale trieben das Hinterrad über eine Kette an, und am Lenker befanden sich Handbremshebel.

Stimmt das?
Früher gab es Dreiradrennen.

JA. Dreiräder waren nicht immer nur ein Kinderspielzeug, sondern auch bei Erwachsenen beliebt. Dreiradrennen zählten zu den ersten Radrennen überhaupt. Sie wurden auf holprigen Straßen und Bahnen aus Holz veranstaltet.

Sicherheitsfahrrad

„Michaux-Perreaux-Fahrrad“, 1869

Gab es Fahrräder mit Dampfantrieb?

Das „Michaux-Perreaux-Fahrrad“ von 1869 hatte unter dem Sattel eine Dampfmaschine. Alle paar Minuten musste Holz oder Kohle nachgelegt werden, damit das Wasser, das die Maschine antrieb, weiterkochte.

Wer baute einen Motor ans Vorderrad?

Die Brüder Werner versahen 1899 in Frankreich ein Fahrrad mit einem Benzinmotor vor dem Lenker, der das Vorderrad antrieb.

Fahrrad der Brüder Werner, 1899

Erstaunlich!

Der amerikanische Ingenieur Lucius Copeland baute aus einem Hochrad ein Motorrad. Er drehte das Rad um, sodass das kleinere Rad vorn lag. Das Motor-Hochrad fuhr 20 km/h schnell.

Wie sah das erste Motorrad aus?

Das erste echte Motorrad hatte einen Holzrahmen, Holzräder mit Ringbeschlägen aus Eisen und zwei Stützräder, damit es nicht umkippte. Es wurde von einem leichten Benzinmotor angetrieben, aber es war sehr langsam. Entwickelt haben es 1885 die deutschen Ingenieure Daimler und Maybach.

Daimler/Maybach, 1885

Stimmt das?

Die ersten Motorräder hatten Pedale.

JA. Die Motoren der ersten Motorräder waren relativ schwach. Die Fahrer brauchten die Pedale, um bergauf zu fahren oder bei einer Panne vorwärts zu kommen. Mopeds haben auch heute noch Pedale.

Was ist eine Kardanwelle?

Eine Möglichkeit, die Kraft des Motors auch „über Eck“ auf das Hinterrad zu übertragen. Im Vergleich zur Kette aber konnte sich der Kardanantrieb beim Motorrad nicht so recht durchsetzen, auch nicht bei der belgischen „FN“.

„FN“, 1906

Erstaunlich! **Um 1900 trugen Frauen ausschließlich Röcke – auch wenn sie Motorrad fuhren. Manche Motorräder hatten einen Speichenschutz, damit sich die Röcke nicht im Hinterrad verfangen konnten.**

Wofür brauchte man Lederriemen?

Heute wird bei den meisten Motorrädern das Hinterrad über eine Kette angetrieben. Vor dem Ersten Weltkrieg benutzte man dafür meist dicke Lederriemen. Sie waren aber unzuverlässig, weil sie sich schnell abnutzten und reißen konnten.

Wann wurde die erste Kette verwendet?

Bei den meisten modernen Motorrädern wird die Kraft des Motors über eine flexible Kette auf das Hinterrad übertragen. Schon 1905 baute man eine solche Kette in das Scott-Motorrad ein. Sie bestand aus dutzenden kleiner, miteinander verbundener Glieder.

Scott, 1905

Douglas, 1911

Stimmt das?

Noch heute werden Riemen eingesetzt.

JA. Die meisten Motorräder haben eine Kette, seltener auch einen Riemen. Riemen bestehen aus Gummi, die mit Stoff verstärkt sind. Sie sind leichter als Ketten und brauchen weniger Pflege.

Wer waren Harley und Davidson?

William, Walter und Arthur Davidson gründeten mit William Harley 1903 die Firma Harley-Davidson. Ihr erstes Motorrad ging ein Jahr später in Produktion.

Harley-Davidson, 1912

Erstaunlich! Das italienische Unternehmen Moto Guzzi, gegründet in den 1920er-Jahren, entlieh sich das adlerförmige Wappen von der italienischen Luftwaffe und schmückte damit seine Motorräder.

Brough Superior, 1930

Indian 101 Scout, 1928

Wer baute das beste Motorrad?

Der britische Ingenieur George Brough entwarf eines der besten und teuersten Motorräder aller Zeiten und nannte es Brough Superior. Es wurde als Rolls-Royce der Motorräder bekannt. Der berühmteste Besitzer einer Brough Superior war der englische Kriegsheld Lawrence von Arabien.

Ein echter Indianer?

In der ersten Hälfte des 20. Jahrhunderts stand der Name „Indian" für einen bekannten amerikanischen Motorradhersteller. Das erfolgreichste Modell war der Indian Scout, der 1920 auf den Markt kam und 30 Jahre lang gebaut wurde. Der Motor hatte 600 cm^3 Hubraum, Kolbenantrieb und erreichte eine Höchstgeschwindigkeit von 121 km/h.

Stimmt das?

Rollie Free fuhr in Badehose auf einer Vincent Black Shadow.

JA. Die Vincent Black Shadow fuhr als erstes Motorrad schneller als 250 km/h. Sie erreichte diese Geschwindigkeit 1948. Ihr Fahrer Rollie Free trug nur eine Badehose und lag flach auf dem Motorrad, um den Luftwiderstand zu verringern. Hätte er aufrecht im Sattel gesessen, wäre er nicht so schnell gewesen.

Wo liegt bei einem Motorrad der Motor?

Am Rahmen, zwischen den beiden Rädern. Über dem Motor, direkt vor dem Fahrersitz, liegt der Benzintank. Auspuffrohre befördern die Abgase am Hinterrad vorbei.

Sind alle Motorradmotoren gleich?

Die Form des Motors hängt von der Anzahl und Anordnung der Zylinder ab. Ein V-Motor hat zwei V-förmig angeordnete Zylinder. Bei einem Reihenvierer sind vier Zylinder in einer Reihe angeordnet.

Erstaunlich! **Den größten Motor hat die Yamaha 1600cc. Der Motor ist so stark, dass er auch für ein Familienauto ausreichen würde.**

Wo findet man Zweitaktmotoren?

Viele Motorräder, Mopeds und Roller sind mit einem Zweitaktmotor ausgerüstet. Große Motorräder haben einen Viertaktmotor. Zweitaktmotoren verbrauchen mehr Treibstoff und sind „schmutziger“.

Zündkerze entzündet die Treibstoffmischung.

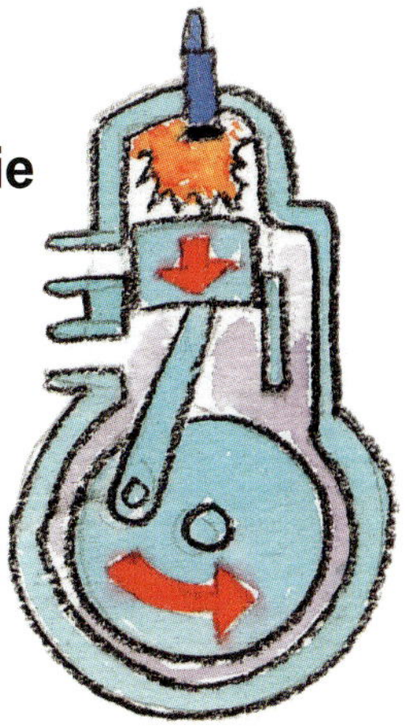

Mischung explodiert.

Auspuffgas wird aus dem Zylinder gepresst.

Kolben bewegt sich nach unten.

Luft-Treibstoff-Gemisch tritt in den Zylinder ein.

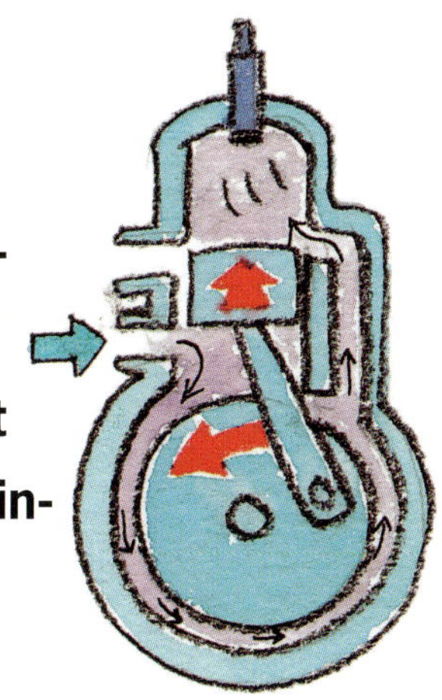

Kolben bewegt sich nach oben.

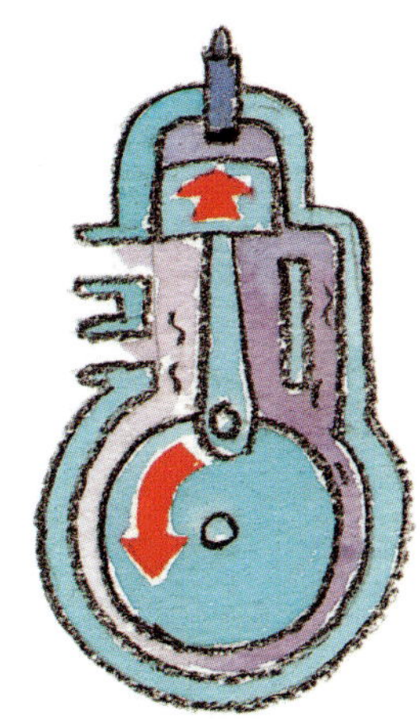

Luft-Treibstoff-Gemisch wird zusammengedrückt.

Was ist eine „Hog“?

„Hog“ ist der Spitzname mancher Harley-Davidson-Motorräder. Eine der besten und bekanntesten Hogs war die Harley-Davidson „Electra Glide“, die viele Jahre im Dienst der amerikanischen Autobahnpolizei stand.

Harley-Davidson „Electra Glide“, 1988

Honda „Gold Wing“ mit Beiwagen und Anhänger, 1982

Erstaunlich! **Carl Stevens Clancy fuhr als Erster 1912 mit einem Motorrad rund um die Welt. Auf seiner Reise durch die USA, Europa, Afrika, Japan und zurück nach New York legte er 29 000 Kilometer zurück.**

Was ist ein Beiwagen?

Ein Beiwagen hat nur ein Rad und wird seitlich am Motorrad befestigt. In einem Beiwagen können sowohl ein Passagier als auch Gepäck transportiert werden. Allerdings kann sich der Fahrer dann nicht mehr in die Kurve legen.

Was ist eine „Gold Wing"?

Eine „Gold Wing" ist ein riesiges Touring-Motorrad des japanischen Herstellers Honda. Die „Gold Wing" ist sehr bequem zu fahren und bietet einen zusätzlichen Sitz für einen Sozius. Problemlos zieht der starke Motor einen Beiwagen und einen Anhänger. Damit ist es ein perfektes Motorrad für lange Reisen.

Stimmt das?

Passagiere fuhren früher in Körben.

JA. **Die Beiwagen der frühen Motorräder wurden aus Weiden hergestellt. Wie bei ganz normalen Körben auch wurden die trockenen Weidenzweige miteinander verflochten.**

Was ist ein Roller?

Ein Roller hat zwei kleine Räder und einen Motor knapp über dem Hinterrad. Die Beine des Fahrers passen in einen Zwischenraum im Rahmen. Roller sind preiswert und praktisch für kurze Strecken in der Stadt.

Erstaunlich! **Man kann Kindermotorräder kaufen, die verkleinerte Nachbauten großer Maschinen sind. Sie haben einen kleinen Motor und die gleichen Elemente wie die großen Modelle. Aber sie dürfen nicht auf der Straße gefahren werden.**

Italjet „Millennium 125“

Welches ist das meistverkaufte Motorrad?

Die Honda „Super Cub“ mit 50 cm^3, die 1958 in den Handel kam. Das Motorrad ist überaus preiswert und noch heute in aller Welt beliebt.

Yamaha YP 250 „Majesty“

Roller des 21. Jahrhunderts

Stimmt das?

Der Roller ist eine moderne Erfindung.

NEIN. Roller kamen in den 1950er-Jahren in Italien auf den Markt und waren bald groß in Mode. Wer als (britischer) Rollerfahrer damals „in“ sein wollte, trug einen grünen Parka, dekorierte seinen Roller mit allerlei Spiegeln und Fähnchen und nannte sich „Mod“.

Welcher Roller passt in einen Kofferraum?

Der amerikanische Autoped, der 1915 erfunden wurde, kann zusammengeklappt im Kofferraum verstaut werden. In den letzten Jahren sind Klapproller wieder in Mode gekommen, weil man mit ihnen im dichten Stadtverkehr gut vorwärts kommt.

Erstaunlich! Geländemotorräder können kurze, fast senkrechte Wände hochfahren. Der Fahrer braucht ein gutes Gleichgewichtsgefühl und muss seine Maschine sicher beherrschen.

Welche Motorradfahrer tragen eine Rüstung?

Motocross-Fahrer haben spezielle Schutzkleidung, damit sie sich nicht verletzen, wenn sie stürzen oder von anderen Motorrädern gestreift werden. Sie tragen hohe Stiefel, Helme und Schutzbrillen, die ihre Augen vor Schlammspritzern schützen.

Was ist eine Enduro?

Geländemotorräder sind für das Fahren in unwegsamem, felsigem Gelände gebaut. Sie werden vor allem bei Cross-Rennen eingesetzt. Geschickte Fahrer können über Hindernisse fahren, ohne ihre Füße zum Ausbalancieren auf den Boden zu setzen.

Enduro

Stimmt das?

Motorradfahrer haben schon die Sahara durchquert.

JA. An vielen Rennen durch Wüsten nehmen auch Motorradfahrer teil. Sehr berühmt ist das Langstreckenrennen Paris–Dakar, bei dem die größte Wüste der Erde durchquert werden muss.

Rallye Paris–Dakar

Motocross

Welche Motorräder haben ein starkes Profil?

Geländemotorräder haben Reifen mit einem dicken Profil. Das hilft, auch im unwegsamen Gelände und auf rutschigem Matsch Halt zu finden.

Harley-Davidson WLA, 1942

Wer hatte ein Gewehrhalfter auf seiner Harley?

Eilboten und Kundschafter der US-Armee fuhren im Zweiten Weltkrieg mit einem Gewehr im Halfter auf ihrer Harley-Davidson WLA 45. Während des Krieges wurden mehr als 80 000 WLAs gebaut. Viele von ihnen wurden nach dem Krieg von den Exsoldaten gekauft.

Stimmt das?

Der erste US-Soldat, der nach dem Ersten Weltkrieg deutschen Boden betrat, tat dies mit einer Harley.

JA. Der amerikanische Soldat Holtz wurde auf seiner Harley mit Beiwagen fotografiert, als er 1918, einen Tag nach Kriegsende, die deutsche Grenze überfuhr.

Deutscher Miniscooter

Wer schwebte mit Minimotorrädern vom Himmel?

Als während des Zweiten Weltkriegs alliierte und deutsche Soldaten aus ihren Flugzeugen sprangen, hingen manchmal auch ihre Minimotorräder mit am Fallschirm.

Erstaunlich! Im Zweiten Weltkrieg verfügte die deutsche Wehrmacht über ein Fahrzeug, das sie Ketten-Kraftrad nannte. Es war halb Motorrad, halb Panzer. Das Vorderrad war das eines Motorrads und wurde von den hinteren Kettenrädern angetrieben.

Welche Motorräder waren mit einem Maschinengewehr ausgestattet?

Während des Zweiten Weltkriegs fuhren deutsche Soldaten rasend schnelle BMW-Motorräder mit Beiwagen. In diesem saß der Soldat, der das schwere Maschinengewehr bediente.

BMW R-75

Was ist die Tourist Trophy?

Die Tourist Trophy ist ein Rennen, das seit 1907 jedes Jahr auf der Insel Man (England) veranstaltet wird. Ursprünglich nahmen nur Tourenräder teil – daher rührt der Name.

TT-Fahrer auf der Insel Man

Harley-Davidson, 1915

Wer fuhr Rennen auf Holzbrettern?

Die ersten Motorradrennen wurden auf hölzernen Fahrrad-Rennbahnen veranstaltet. Stell dir die Splitter vor, die man sich da bei einem Sturz holte!

Stimmt das?

Alle Motorräder haben Bremsen.

NEIN. Speedway-Motorräder haben keine Bremsen und nur einen Gang. Speedway-Rennen werden auf ovalen Bahnen aus Gras, Sand, Schlamm und manchmal sogar Eis ausgetragen. Die Fahrer schliddern um die Kurven an den Enden der Geraden.

Erstaunlich! Bei Unfällen mit hoher Geschwindigkeit rutschen die Fahrer manchmal mit 240 km/h über den Boden. Zu ihrem Schutz tragen sie Lederoveralls. An den Knien sind robuste Polster eingenäht, weil die Fahrer in Kurven die Fahrbahn oft mit einem Knie berühren.

Was ist ein Superbike?

Ein Superbike wie diese Ducati ist ein besonders schnelles Motorrad mit einem Motor von über 750 cm^3. Das Wort wurde zuerst für die Honda CB 750 in den späten 1960er-Jahren benutzt. Superbikes sind für Hochgeschwindigkeitsrennen gebaut, man darf sie aber auch auf öffentlichen Straßen benutzen.

Umgebaute Triumph Thunderbird

Erstaunlich! Chopper und dreirädrige Motorräder, Trikes genannt, waren früher bei amerikanischen Rockerbanden beliebt. Eine dieser Banden waren die Hell's Angels, die meist ganz in schwarzem Leder und mit schwarzen Helmen auftraten.

Was ist ein Chopper?

Ein Chopper ist ein Motorrad mit hohem Lenker, langer Vordergabel und einem niedrigen Sitz, auf dem der Fahrer fast wie in einem Sessel sitzt. Die ersten Chopper waren selbst gebaute Modelle, die amerikanische Harley-Besitzer aus Einzelteilen verschiedener anderer Maschinen zusammensetzten.

Chopper

Wer fuhr auf einer Triumph 345 km/h?

Johnny Allen fuhr 1956 auf einer zigarrenförmig verkleideten Triumph mit 345 km/h durch die Bonneville-Salzebene in Amerika. Danach nannte die Firma Triumph ihr berühmtestes Modell „Bonneville".

Stimmt das?

Umgebaute Roller werden für Drag-Rennen verwendet.

JA. Drag-Rennen sind Rennen zwischen zwei Motorrädern auf kurzen, geraden Strecken. Manche Fahrer treten auf umgebauten Rollern an, die einen frisierten Motor und einen verlängerten Rahmen haben.

Wer baute drei Motoren an ein Motorrad?

Russ Collins baute drei Motoren in seine Drag-Honda ein. Dragster brauchen enorm viel Kraft für die starke Beschleunigung. Manche werden sogar von Raketenmotoren angetrieben.

Russ Collins

Wie beschleunigt man ein Motorrad?

Unter dem Griff rechts an der Lenkstange befindet sich der Gashebel. Dreht man an diesem Griff, wird der Motor mit mehr Benzin versorgt, er dreht sich schneller und beschleunigt das Motorrad.

Wie bremst man?

Um zu bremsen, zieht man rechts an der Lenkstange den Bremshebel und tritt gleichzeitig mit dem rechten Fuß auf das Bremspedal. Der Bremshebel betätigt die Vorderradbremse, das Bremspedal die Hinterradbremse.

Wie funktioniert die Gangschaltung?

Um auf einem Motorrad in einen anderen Gang zu wechseln, zieht man mit der linken Hand den Kupplungshebel und tritt mit dem linken Fuß die Gangschaltung. Dann lässt man den Kupplungshebel wieder los.

Stimmt das?

Motorradfahrer starten mit einem Kickstarter.

JA. Die meisten Motorräder haben eine elektrische Zündung und einen Kickstart-Mechanismus für den Fall, dass die Zündung versagt. Die früheren Motorräder verfügten nur über einen Kickstarter.

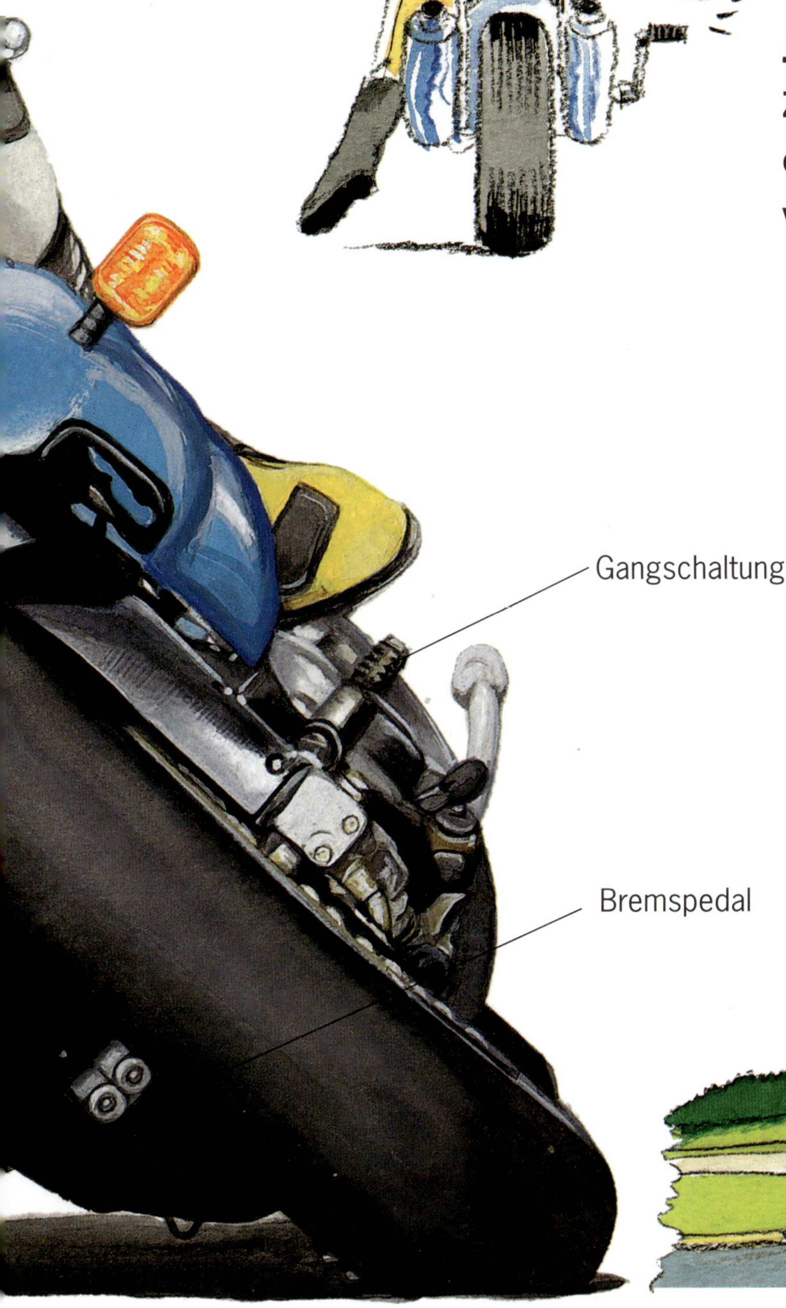

Warum legen sich die Fahrer in die Kurven?

Ein Motorradfahrer legt sich bewusst in die Kurve, um zu verhindern, dass das Motorrad seitlich umkippt. Je schräger er die Kurve nimmt, desto schneller kann er sie durchfahren.

Welches Motorrad hat keine Vorderradgabel?

Die Honda „Elf Endurance“ war das erste Motorrad ohne Vorderradgabel. Das Vorderrad war durch Hebelarme an der Maschine befestigt. In den 1980er-Jahren startete die „Elf Endurance“ regelmäßig bei den Rennen von Le Mans.

Stimmt das?

Es gibt Motorräder mit Lenkrad.

JA. Noch 1912 gab es ein Motorrad, das anstelle der Lenkstange ein Steuerrad besaß. Das Motorrad war schwer zu balancieren und benötigte daher Stützräder.

Honda „Elf“

In welchem Motorrad kann man sitzen?

Die BMW C1 ist eines der wenigen Motorräder, in denen man sitzen kann. Sie hat einen autoähnlichen Sitz, wird aber wie ein Motorrad gefahren. Die große Windschutzscheibe schützt den Fahrer vor Wind und Regen.

BMW C1

Erstaunlich! **Das kleinste Motorrad der Welt ist wirklich winzig. Es ist nur 10 Zentimeter lang und seine Reifen haben einen Durchmesser von etwa 2 Zentimetern. Es hat einen Motor und kann tatsächlich gefahren werden – wenn auch nur ein bisschen.**

Welches Motorrad durchquerte Amerika mit weniger als 68 Liter Treibstoff?

Das „Heysercycle" von 1983 war vollständig mit einer runden Kapsel ummantelt, um den Luftwiderstand zu verringern. Es verbrauchte nur 1 Liter Treibstoff auf 74 Kilometern – ein neuer Rekord der Wirtschaftlichkeit.

„Heysercycle"

Was ist ein Stuntfahrer?

Stuntfahrer nehmen auf Rampen Anlauf und springen dann mit dem Motorrad über Autos, Busse und Lastwagen. Evel Knievel, einer der berühmtesten Stuntfahrer, versuchte 1974 sogar, mit seinem raketenbetriebenen „Skycycle“ über einen Canyon zu springen. Er ertrank dabei beinahe und brach sich fast jeden Knochen.

Evel Knievel

Erstaunlich!

Trickfahrer bringen erstaunliche Kunststücke zu Wege. Sie bauen menschliche Pyramiden auf fahrenden Motorrädern oder springen durch brennende Reifen.

Steilwandfahrer

Was tun Steilwandfahrer?

Steilwandfahrer sind Motorradfahrer, die an der Innenwand einer riesigen Tonne fahren. Damit sie nicht abstürzen, müssen sie sehr schnell fahren. Zuschauer können am oberen Rand stehend das Ganze mitverfolgen.

Was ist Freestyle-Motocross?

Freestyle-Motocross ist eine Sportart, bei der die Fahrer wagemutige Tricks vollführen, während sie von Schanzen oder Erdhügeln abspringen. Manche lassen ihr Motorrad völlig los.

Freestyle-Motocross

Stimmt das?

Auf einem Rad kann man nicht fahren.

NEIN. Motorradfahrer können das Vorderrad anheben und nur auf dem Hinterrad fahren. Das nennt man einen „Wheelie". Rennfahrer reißen oft das Vorderrad hoch, um zu zeigen, dass sie sich über ihren Sieg freuen.

ROAD TRAIN

KAPITEL SECHS

LASTER UND BAGGER

Welche Laster hatten Dampfantrieb?

Vor der Erfindung der Benzinmotoren gab es im 19. Jahrhundert Lastwagen mit Dampfantrieb. Sie sahen aus wie jene Dampftraktoren, die auf Bauernhöfen benutzt wurden.

Foden-Dampflastwagen

Erstaunlich! Das allererste Dampffahrzeug wurde bei einem Unfall zerstört. Die dreirädrige Kutsche, die 1769 von dem französischen Ingenieur Nicolas-Joseph Cugnot gebaut wurde, sollte eigentlich Kanonen ziehen.

Wie wurden früher schwere Lasten transportiert?

Früher wurden schwere Lasten natürlich mit Pferde- oder Ochsenwagen transportiert. Das Aussehen der ersten Lastwagen erinnert noch sehr an diese Vorläufer.

Zug aus Ochsenkarren

Was war ein Charabanc?

Ein flacher Lastwagen mit Bänken auf der Ladefläche. Dort konnten Fahrgäste sitzen. Fabrikarbeiter fuhren mit diesen Vorläufern der Busse ans Meer oder in die Stadt. Die ersten Charabancs wurden noch von Pferden gezogen.

Stimmt das?

Die ersten Busse wurden von Dampftraktoren gezogen.

JA. Das Wort „Traktor" bedeutet so viel wie Zugmaschine. Über die Art des Antriebs, ob Diesel oder Dampf, ist damit noch nichts ausgesagt.

Klappbares Führerhaus

Was bedeutet „Cab-over-engine“?

Bei solch einem LKW sitzt die Fahrerkabine über dem Motor. Für Reparaturen wird das komplette Fahrerhaus nach vorn geklappt, und der Mechaniker gelangt besser an die Maschine.

Stimmt das?

Rudolf Diesel erfand den Dieselmotor.

JA. Der Dieselmotor ist ein Verbrennungsmotor, der 1892 von dem deutschen Ingenieur Rudolf Diesel erfunden wurde. Die meisten Lastwagen haben Dieselmotoren, weil sie wirtschaftlicher und verlässlicher als Benziner sind.

Wo sitzt das fünfte Rad?

Das fünfte Rad ist das schwenkbare Verbindungsstück eines Sattelschleppers. Es befindet sich hinter dem Führerhaus an der Zugmaschine. Hier werden die Anhänger befestigt. Das Rad lässt den Anhänger ausschwenken, wenn der Laster um die Kurve fährt.

Wer nimmt Laster huckepack?

Häufig werden Zugmaschinen wie Anhänger an einem größeren Schlepper befestigt und von Ort zu Ort gezogen. So spart man Geld, da abgeschleppte Lastwagen kein Benzin verbrauchen.

Transport leerer Zugmaschinen

Wie reden LKW-Fahrer miteinander?

LKW-Fahrer unterhalten sich über CB-Funk. Sie warnen sich gegenseitig vor Verkehrsstaus oder schlechtem Wetter. Anstelle ihrer eigenen Namen haben sie im Funkverkehr Spitznamen.

LKW-Fahrerin am CB-Funkgerät

Erstaunlich!

Wenn LKW-Fahrer im Winter liegen bleiben, zünden sie manchmal unter dem Motor ein Feuer an. Wenn Dieseltreibstoff zu kalt ist, wird er zähflüssig. Die Wärme des Feuers soll ihn flüssig halten.

Stimmt das?

Lastwagen haben bis zu 16 Gänge.

JA. LKWs brauchen viele Gänge – niedrige Gänge zum Anfahren und um schwere Lasten bergauf zu ziehen, aber auch hohe Gänge für die zügige Fahrt auf Autobahnen.

Wo schlafen LKW-Fahrer?

Fahrer von Fernlastern schlafen in einer kleinen Kabine, die hinter dem Sitz eingebaut ist. Sehr große LKWs haben sogar eine Schlafkabine mit Toilette und Dusche.

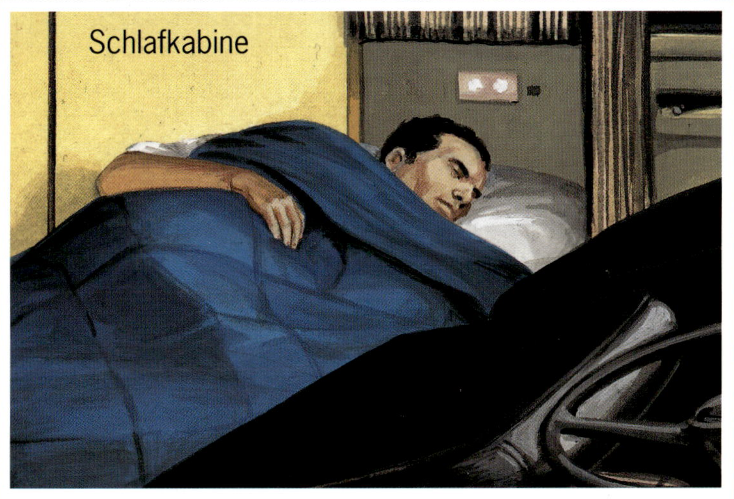
Schlafkabine

Verunglückter Laster

Was ist ein Klappmesser?

Wenn LKW-Fahrer scharf bremsen müssen, gerät das Heck manchmal ins Schleudern und stellt sich quer. So ein „Klappmesser" ist gefährlich, weil dabei der Anhänger außer Kontrolle gerät und umkippen kann.

Was ist ein Monstertruck?

Monstertrucks nennt man PKWs mit Ladefläche, die statt der normalen Reifen dicke LKW-Reifen und einen sehr starken Motor haben. Mit solchen Fahrzeugen werden Rennen gefahren und Stunt-Vorführungen veranstaltet. Wenn die Trucks zu schnell fahren, können sie sich überschlagen.

Monstertruck

Stimmt das?

Monstertrucks fahren auch über Autos.

JA. Bei manchen Rennen werden alte Autos als Hindernisse verwendet. Die Autos werden unter den mächtigen Rädern der Monstertrucks flach gedrückt.

Bedford aus Afghanistan

Wo gibt es die buntesten LKWs?

In Ländern wie Afghanistan und Indien bemalen LKW-Fahrer ihre Fahrzeuge in leuchtenden Farben, oft mit religiösen Motiven. Sie glauben, dass diese Symbole sie vor Unfällen schützen.

Umgebauter Pick-up

Erstaunlich! **Einen der berühmtesten Monstertrucks nennt man „Grave Digger" (Totengräber). Er ist ganz und gar mit unheimlichen Friedhofsbildern bemalt.**

Wie sehen Spezialanfertigungen aus?

Umgebaute Trucks sind Fahrzeuge mit extragroßen Rädern und einem höher gelegten Fahrgestell. Manche haben hydraulische Vorrichtungen zum Bewegen von Kofferraum, Motorhaube und Türen. Sie werden für Shows und Rennen gebaut.

Was ist ein Dragster-Truck?

Ein Dragster-Truck ist ein umgebauter Kleinlaster, der bei Drag-Rennen startet. Die Rennstrecke ist nur kurz, und die Fahrer starten aus dem Stand. Die Dragster haben besonders leistungsstarke Motoren und enorme Hinterräder, die ihnen mehr Bodenhaftung verleihen.

Dragster-Trucks

Jetlaster der hawaiischen Feuerwehr

Welcher Laster ist der schnellste?

Der schnellste Lastwagen der Welt ist eine Spezialanfertigung und gehört der Feuerwehr von Hawaii. Der Lastwagen wurde 1940 gebaut und ist mit zwei Flugzeugturbinen versehen. Er erreicht eine Geschwindigkeit von bis zu 650 km/h.

Stimmt das?

Mit einem Laster kann man Rennen fahren.

JA. Weltweit gibt es viele Lastwagenrennen. In Amerika gehen häufig umgebaute Kleinlaster an den Start, während in Europa große Sattelschlepper in den Rennen fahren.

Leyland-Laster auf den Hinterrädern

Können sich LKWs auf die Hinterräder stellen?

Ja, wegen des großen Motors und des schweren Hecks können sie vorn gut abheben.

Wie bewegen sich Panzer vorwärts?

Panzer kommen in unwegsamem, schlammigem Gelände gut voran. Sollen sie sich schneller bewegen, werden sie auf spezielle LKWs verladen. Diese Laster müssen sehr viele Räder haben, um das gewaltige Gewicht der Panzer tragen zu können.

Panzertransporter

Amphibienfahrzeug

Welche Laster können schwimmen?

Nachschub für Armeen wird oft mit Amphibienfahrzeugen transportiert. Sie fahren an Land wie Laster und schwimmen durchs Wasser wie Boote. Ihr wasserdichter Boden verhindert, dass Wasser in den Motorraum eindringt.

Erstaunlich! Manche Lastwagen sind auf der Außenseite gepanzert. Sie werden eingesetzt, um Soldaten in Kriegsgebieten zu befördern.

Welche Laster tragen Raketen?

Raketentransporter sind mit einer Abschussrampe ausgerüstet, von der aus Raketen gestartet werden können. Militär-LKWs können aber auch mobile Radaranlagen transportieren.

Mobile Abschussbasis

Stimmt das?

Manche Lastwagen haben Kettenantrieb.

JA. Einige Lastwagen haben vorn normale Räder und hinten Raupenketten. Solche Fahrzeuge werden hauptsächlich für militärische Zwecke eingesetzt.

Was ist eine Planierraupe?

Eine Planierraupe schabt die oberste Erdschicht vom Boden ab und sammelt sie auf. Solche Fahrzeuge werden vor allem im Straßenbau eingesetzt.

Planierraupe

Bagger

Was ist ein Bagger?

Ein Schaufellader oder Bagger hebt mit einer großen Schaufel, die sich am Ende seines starken Armes befindet, Erdlöcher aus. Schaufel und Arm werden durch mächtige hydraulische Presskolben bewegt. Meist handelt es sich bei Schaufelladern um Raupenfahrzeuge, die sich auf unwegsamem Gelände sicher bewegen können.

Stimmt das?

Baggerschaufeln können zwei Autos heben.

JA. Riesige Bagger, die in einem Steinbruch oder Tagebau Erde und Felsen ausheben, haben große, rotierende Schaufelräder. Jede Schaufel kann zwei Autos heben.

Wie groß ist der größte Laster der Welt?

Der größte Laster der Welt ist ein Kipplader und heißt Terex Titan. Er ist so groß wie ein Haus und kann 300 Tonnen Schutt transportieren. Jedes seiner Räder ist doppelt so groß wie ein Mensch.

Terex Titan

Erstaunlich! **Der Terex Titan ist viel zu groß für öffentliche Straßen. Um von einem Einsatzort zum nächsten zu kommen, muss er auseinander gebaut und in Einzelteilen transportiert werden.**

Welche Bagger können verschiedene Arbeiten ausführen?

Es gibt unterschiedliche Typen von Baggern, die mehrere Aufgaben erfüllen können. Die meisten haben vorn eine breite Baggerschaufel und hinten einen kleineren Greifer, einen Haken zum Aufreißen der Erde oder einen Pressluftbohrer.

Stimmt das?
Manche Bagger haben kugelsichere Scheiben.

JA. Fahrzeuge, die für Abbrucharbeiten eingesetzt werden, haben Sicherheitsscheiben, damit der Fahrer nicht durch fallende Steine verletzt werden kann.

Erstaunlich! **Es gibt auch Minibagger, die kleiner als ein Auto sind. Man braucht sie für Arbeiten an Plätzen, an denen große Bagger nicht eingesetzt werden können, etwa für schmale Gräben, Gehwege oder in Gärten.**

Welche Laster haben einen langen Arm?

Ein Mobilkran ist ein LKW, auf dessen Heck ein Kran montiert ist. Mobilkräne werden auf Baustellen eingesetzt, um mit ihrem ausfahrbaren Kranarm schwere Gegenstände an ihren Platz zu heben. Der Mobilkran hat eine eigene Kabine, in der der Fahrer sitzt, um den Kran zu steuern.

Wie wird Beton transportiert?

Beton wird in speziellen Fahrzeugen transportiert. Diese haben eine Trommel, die sich ständig dreht und so den Beton am Aushärten hindert.

Wofür werden Ketten benutzt?

Laster, die auf vereisten oder verschneiten Straßen unterwegs sind, fahren oft mit Schneeketten, damit sie nicht ins Rutschen geraten. Die Ketten werden um die Reifen gelegt und drücken sich tief in die Eis- oder Schneeschicht ein. In kalten Ländern haben die LKW-Fahrer immer Schneeketten an Bord.

Erstaunlich! **Manche Traktoren haben dicke Zwillingsreifen, die das Gewicht verteilen und so verhindern, dass sie tiefe Furchen durch die Äcker ziehen, in denen sie sich festfahren könnten. Es gibt auch Traktoren mit Raupen.**

DAF Turbotwin Rallye-LKW

Welche LKWs fahren Rennen durch die Sahara?

LKWs nehmen an vielen Rennen teil. Berühmt ist das Rennen von Paris nach Dakar, das quer durch die Sahara führt. Dabei fahren auch LKWs mit, die Ersatzteile und Mechaniker für die Teilnehmer des Rennens an Bord haben.

Pick-up mit Vierradantrieb

Was ist ein Vierradantrieb?

Bei vielen Fahrzeugen treibt der Motor nur zwei Räder an, bei einem Fahrzeug mit Vierradantrieb dagegen alle. Der Vierradantrieb ermöglicht erst das Fahren im Gelände und auf schlammigen Straßen.

Kann ein Laster ein Haus ziehen?

Kräftige Zugmaschinen, so genannte Schlepper, werden für sehr schwere Lasten eingesetzt. Sie haben gigantische Dieselmotoren, fahren aber nur langsam. Auf einem breiten Anhänger können sie selbst ein Haus ziehen.

Welcher Laster zog eine Raumfähre?

Im Januar 1977 zog ein Kenworth-Sattelschlepper die Raumfähre „Enterprise" 64 Kilometer weit durch die Mojave-Wüste in Kalifornien. Die Raumfähre wog 75 Tonnen, der Sattelschlepper aber hätte sogar bis zu 500 Tonnen ziehen können.

Kenworth-Sattelschlepper zieht die „Enterprise"

Kenworth-Sattelschlepper mit Tieflader

Welche Laster haben ein Dutzend Räder?

Schlepper, die extrem schwere Ladungen ziehen, brauchen ein Dutzend Räder, auf die sich das Gewicht verteilen kann. Meist handelt es sich dabei um Tieflader, die das Beladen vereinfachen. Sie werden von kräftigen Schleppern gezogen.

Stimmt das?

Laster transportieren auch Atommüll.

JA. Laster ziehen Atommüll in unzerstörbaren Containern, die auch einem Unfall standhalten. Dennoch werden die Sicherheitsmaßnahmen für solche Transporte verstärkt und großräumig überwacht.

Welche Feuerwehrautos haben zwei Fahrer?

Manche Feuerwehrautos haben Leitern, für die sie einen überlangen Anhänger brauchen. Solche Hänger sind mit einer zweiten Fahrerkabine ausgestattet, von der aus das Fahrzeug um enge Kurven gesteuert wird, um zu Bränden in schmaleren Straßen zu gelangen.

Erstaunlich! **Das Löschwasser wird mithilfe sehr starker Pumpen im Feuerwehrwagen durch den Schlauch gepumpt. Der Druck ist so stark, dass er den Feuerwehrmann vom Boden hochheben kann.**

Flughafen-Löschfahrzeug

Stimmt das?

Feuerwehrwagen brauchen Stützen.

JA. Wenn die Leiter ausgefahren und zur Seite gedreht wird, könnte der Wagen umkippen. Um das zu verhindern, werden die Seiten mit Stützen gesichert.

Wie lang ist die Leiter eines Feuerwehrautos?

Manche Feuerwehrautos haben Leitern, die auf mehr als 40 Meter ausgefahren werden können. Damit kann man das 11. Stockwerk eines Hochhauses erreichen.

Pierce-Aerial-Tiller-Löschzug

Wie werden brennende Flugzeuge gelöscht?

Jeder Flughafen hat eine eigene Feuerwehr und spezielle Löschfahrzeuge. Sie löschen mit Schaum, der aus einer Kanone auf dem Dach der Fahrzeuge in die Flammen geschossen wird.

Was ist ein Abschlepper?

Abschlepper sind Spezialfahrzeuge, die andere Fahrzeuge bergen, wenn sie in einen Graben gerutscht sind oder nach einem Unfall die Fahrbahn versperren. Sie haben starke Dieselmotoren und eine Winde, um die fahruntüchtigen Autos, Lastwagen oder Busse auf ihr Heck zu ziehen.

Erstaunlich! Manche Laster haben einen kleinen Gabelstapler an Bord, mit dem sie ihre Ladung auf- oder abladen. Die Ladegabel wird hochgeklappt und der Stapler am Heck des LKWs befestigt.

Abschlepper

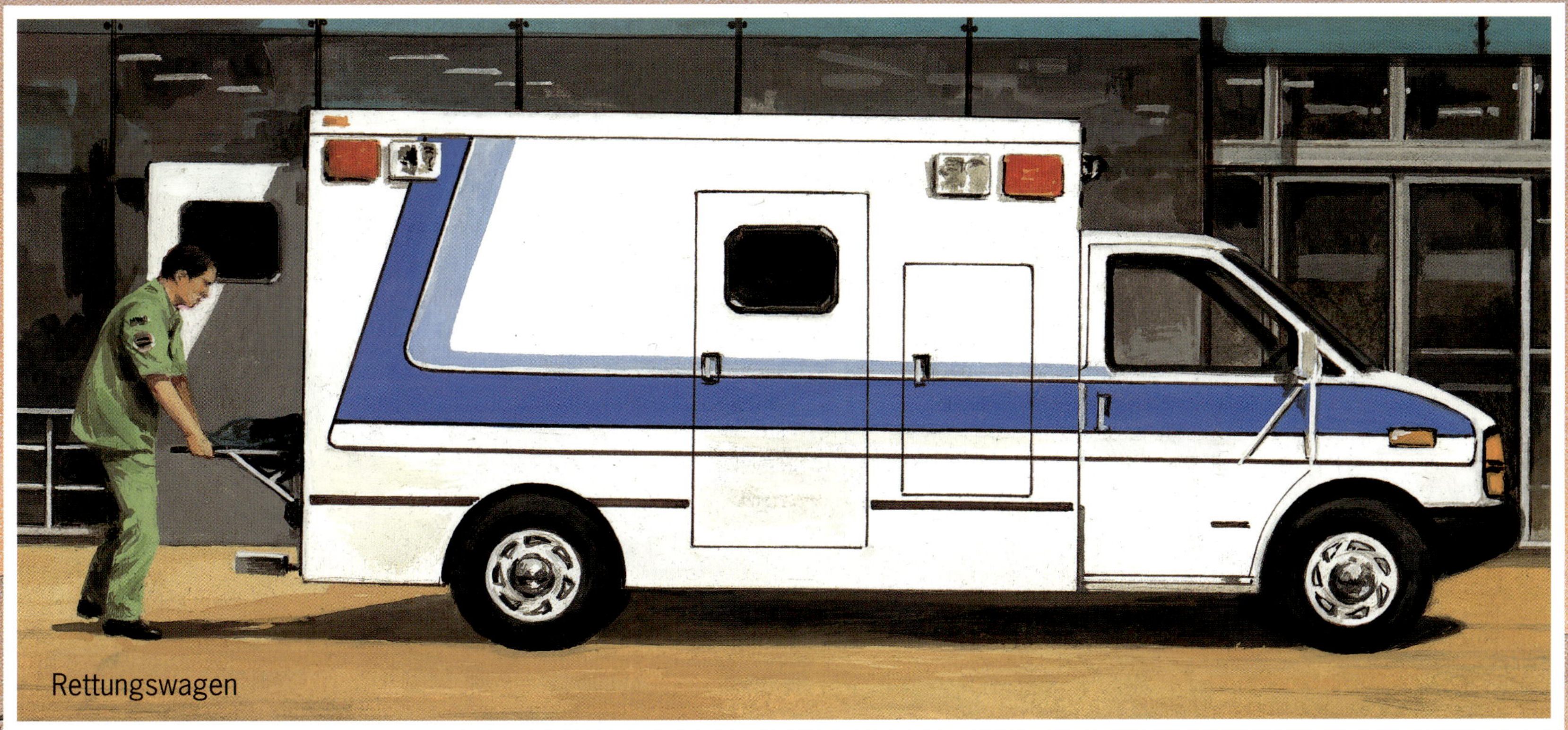

Rettungswagen

Welche Laster können Leben retten?

Mit Rettungswagen werden Kranke und Verletzte schnell ins Krankenhaus gebracht. Im Inneren befinden sich eine Liege und die nötige Ausrüstung für die medizinische Notversorgung während der Fahrt.

Stimmt das?

Es gibt Krankenhäuser auf Rädern.

JA. Es gibt Krankenhäuser, die in große LKWs eingebaut sind. Sie werden in Gebieten eingesetzt, in denen die Wege zum Krankenhaus sehr weit sind.

Wie lädt man Baumstämme auf?

Holztransporter haben am Heck einen kleinen Kran mit einer kräftigen Kralle an dessen Ende. Kran und Kralle werden vom Fahrer bedient und heben ganze Baumstämme auf den Anhänger, der mit Stangen versehen ist, damit die Stämme nicht wegrollen können.

Holztransporter

Erstaunlich!

Große Autotransporter können bis zu zwölf Autos auf einmal auf ihrer Ladefläche transportieren. Sie verfügen über klug ausgetüftelte Rampen und Ladeflächen, über die die Autos an und von Bord fahren können. Um Platz zu sparen, stehen sie teilweise schräg übereinander.

Stimmt das?

Tanklaster transportieren Schokolade.

NEIN. Aber sie können alle flüssigen Stoffe wie Milch oder Öl sowie viele feste Stoffe, z. B. Mehl, transportieren.

Wo fahren Züge auf der Straße?

Vor allem in Australien sind Schlepper mit zwei oder mehr Anhängern unterwegs. Sie haben eine leistungsstarke Zugmaschine und erinnern mehr an einen Zug als an einen Lastwagen.

Container-Verladekran

Wie werden Container verladen?

Vor allem an großen Häfen müssen Container von Lastwagen oder Zügen auf Schiffe verladen werden. Hier hilft eine Art fahrbarer Kran. Er fährt über den zu verladenden Container, hebt ihn an und lädt ihn auf dem Schiff wieder ab.

Australischer „Straßenzug“

Welche LKWs brauchen eine Rampe zum Entladen?

Kipplaster können ihr Heck schräg stellen, um es zu entladen. Es gibt aber auch Rampen, auf denen ganze LKWs schräg gestellt werden, etwa um Getreide in einen großen Silo zu füllen.

Getreidelaster beim Entladen

Müllwagen

Welche Laster ziehen Flugzeuge?

Schlepper ziehen Flugzeuge, deren Motoren ausgeschaltet sind. Sie haben eine Stange, die an den Vorderrädern des Flugzeugs eingekuppelt wird, und sind so flach, dass sie unter den Flugzeugrumpf passen.

Schlepper

Stimmt das?
Kirschenpflücker braucht man, um Obst zu pflücken.

NEIN. Kirschenpflücker ist der Spitzname für LKWs mit einem Teleskoparm, an dessen Ende ein Korb für einen Arbeiter angebracht ist. Man braucht sie, um z. B. Glühbirnen in Straßenlaternen auszuwechseln.

Welche Laster befördern Müll?

Müllwagen fahren durch die Städte und sammeln Müll ein. Die Tonnen werden in spezielle Halter eingehängt und dann gekippt, sodass ihr Inhalt in den Laderaum des Wagens fällt. Dort wird er von einer starken Presse zusammengedrückt.

KAPITEL SIEBEN

FLUGZEUGE

Wer waren die ersten Luftfahrer?

Die ersten Menschen, die einen Flug unternahmen, waren die Franzosen François Pilâtre de Rozier und der Marquis d'Arlandes. Am 21. November 1783 schwebten sie 25 Minuten lang in einem Ballon, den die Gebrüder Montgolfier gebaut hatten, über Paris.

Montgolfier-Ballon

Wer baute ein Dampfflugzeug?

Das erste Fluggerät, das vom Boden abhob, war die dampfbetriebene „Éole", ein Modell des Franzosen Clément Ader mit Flügeln wie die einer Fledermaus. 1890 legte es etwa 50 Meter zurück. Steuern konnte man es nicht.

„Éole"

Wer flog den ersten Gleiter?

Otto Lilienthal baute und flog die ersten Gleitflieger. Von 1891 an unternahm er hunderte von Flügen. Er hängte sich unter seine Gleiter und sprang von Bergen ab. 1896 kam er bei einem Unfall ums Leben.

Otto Lilienthal

Erstaunlich! **Der berühmte Entdecker Marco Polo berichtete, dass schon im 14. Jahrhundert chinesische Handelsseefahrer Drachen steigen ließen, an denen Menschen hingen. So prüften sie, ob der Wind für ihre Schiffe ausreichte. Stiegen die Drachen nicht auf, warteten sie im Hafen auf besseren Wind.**

Stimmt das?
Menschen sind geflogen, indem sie mit den Armen schlugen.

NEIN. Jahrhundertelang haben Menschen versucht, an ihren Armen Flügel zu befestigen und damit zu fliegen. Viele dieser „Vogelmenschen“ kamen ums Leben, als sie sich von hohen Gebäuden oder Felsen stürzten. Wir Menschen können nicht wie Vögel fliegen, weil unsere Schultermuskeln für den „Flügelschlag“ nicht stark genug sind.

Wer flog das erste Flugzeug?

Der erste Mensch, der einen kontrollierten Flug in einem Flugzeug unternahm, war Orville Wright, und zwar am 17. Dezember 1903 in Kitty Hawk (USA). Er flog 12 Sekunden lang und kam knapp 40 Meter weit. Orville und sein Bruder Wilbur stellten eigentlich Fahrräder her. Ihr Flugzeug war ein Doppeldecker namens „Flyer“.

Antoinette-Eindecker

„Flyer“

Erstaunlich! **Noch im Jahre 1914 waren die schnellsten Flugzeuge langsamer als die schnellsten Rennautos. Der Geschwindigkeits-Weltrekord für Flugzeuge lag bei 203 km/h, der für Autos bei 225 km/h. Erst 1920 hatten die Flugzeuge die Autos überholt.**

Was ist ein Eindecker?

Eindecker nennt man Flugzeuge mit nur einem Tragflächenpaar. Die meisten der frühen Flugzeuge waren Doppeldecker mit zwei Tragflächenpaaren. Einer der ersten Eindecker war 1908 die elegante „Antoinette VII“.

Stimmt das?

Es gab ein Flugzeug mit 20 Tragflächen.

JA. 1904 baute der Brite Horatio Phillips ein Flugzeug mit 20 übereinander liegenden Tragflächen. Es war ein totaler Misserfolg. 1907 baute er sogar ein neues Modell mit 200 Tragflächen.

Wer überflog als Erster den Ärmelkanal?

Der erste Flug über den Ärmelkanal gelang dem Franzosen Louis Blériot im Jahre 1909 in einem seiner eigenen Flugzeuge, dem Eindecker Blériot XI. Von Küste zu Küste brauchte er 37 Minuten. Er gewann dafür einen Preis von 1000 Pfund.

Wie endete die Ära der Luftschiffe?

Als 1937 das mit Wasserstoff gefüllte Luftschiff „Hindenburg“ explodierte, kamen 35 Menschen ums Leben. Es war mit 245 Meter Länge eines der größten Luftschiffe: so lang wie zweieinhalb Fußballfelder.

„Hindenburg“

Giffards Luftschiff

Wer flog das erste Luftschiff?

Der Franzose Henry Giffard legte 1852 in seinem von einer Dampfmaschine angetriebenen Luftschiff 26 Kilometer mit einem Tempo von 8 km/h zurück.

Erstaunlich!

1802 sprang der Franzose André Jacques Garnerin aus der Gondel seines Heißluftballons über London ab und segelte sicher an seinem Fallschirm zur Erde. Der erste erfolgreiche Fallschirmsprung!

„Breitling-Orbiter“

Stimmt das?

Erst 1999 gelang die Non-Stop-Umrundung der Erde in einem Ballon.

JA. Bertrand Piccard und Brian Jones starteten mit dem „Breitling-Orbiter 3“ in Chateaux D'Oex in der Schweiz und überquerten 19 Tage, 21 Stunden und 55 Minuten später denselben Längengrad in Mauretanien. Sie landeten schließlich in der ägyptischen Wüste.

Werden heute noch Luftschiffe eingesetzt?

Kleine Luftschiffe überfliegen z. B. wichtige Sportveranstaltungen. An ihnen sind Kameras montiert, die das Geschehen filmen. Oft tragen sie Werbeaufschriften auf ihrem Rumpf.

Wer war der „Rote Baron“?

Der größte Kampfpilot des Ersten Weltkriegs, Baron Manfred von Richthofen, wurde als „Roter Baron“ bekannt. Zwischen 1916 und 1918 schoss er 80 Flugzeuge der feindlichen Luftwaffe ab. Seinen Spitznamen verdankt er seiner leuchtend roten Fokker DR I, mit der er in den Kampf flog.

Fokker DR I des „Roten Barons“

Erstaunlich! **Für manche Kampfpiloten gab es ein Fallschirmverbot. Während des Ersten Weltkriegs verhängten die Kommandeure der britischen Luftwaffe Fallschirmverbote für Piloten, Bordschützen und Navigatoren, damit sie nicht während eines Luftkampfs ihr Flugzeug verlassen konnten.**

Vickers „Vimy“

Stimmt das?

Piloten schossen auf ihren eigenen Propeller.

JA. Während des Ersten Weltkriegs trafen so manche Piloten mit ihrem Maschinengewehr auf den eigenen Propeller, der nur mit Metallplatten geschützt war. Ab 1915 stellte ein neues System sicher, dass das Gewehr nur feuerte, wenn kein Rotorblatt in der Schusslinie war.

Curtiss JN-4 „Jenny“

Wer waren die „Barnstormer“?

Kunstflieger, die in den 1920er-Jahren durch die USA zogen und überall waghalsige Flugmanöver und Stunts vorführten, wurden als „Barnstormer“ bezeichnet. Nicht selten hängten sie sich mit den Zähnen an die Tragflächen ihrer Flugzeuge.

Wer überflog als Erster den Atlantik?

Die ersten Menschen, die in einem Non-Stop-Flug den Atlantik überflogen, waren die Briten John Alcock und Arthur Whitten Brown. 1919 flogen sie in einem zweimotorigen Vickers-„Vimy“-Bomber 16 Stunden und 17 Minuten über den Atlantik. Der Flug endete allerdings mit einer Bruchlandung.

Ryan M 2 „Spirit of St. Louis“

Wer wagte den ersten Alleinflug über den Atlantik?

1927 überflog der amerikanische Pilot Charles Lindbergh den Atlantik in seiner ganz aus Metall bestehenden Ryan-Maschine, die speziell für diesen Zweck gebaut worden war. Der Flug dauerte 33 Stunden und 30 Minuten. Lindbergh versuchte, die ganze Zeit wach zu bleiben, um nicht ins Meer zu stürzen.

Erstaunlich! **Der Amerikaner Richard Byrd überflog als erster Pilot den Nord- und den Südpol. Er erreichte den Nordpol im Mai 1926 als Steuermann einer Fokker F. VIIA und den Südpol im November 1929 als Kapitän einer dreimotorigen Ford-Maschine.**

Wer überflog als Erster den Pazifik?

1928 überquerten die Australier Charles Kingford Smith, Charles Ulm und ihre Crew mit einer dreimotorigen Fokker den Pazifik von Australien nach Amerika. Viermal mussten sie zum Auftanken auf Pazifikinseln zwischenlanden.

Dreimotorige Fokker

Stimmt das?
Der erste Alleinflug um die Erde dauerte fast acht Tage.

JA. Die erste Erdumrundung fand zwischen dem 15. und dem 22. Juli 1933 statt. Der Pilot Wiley Post brauchte mit seiner Lockheed „Vega“ für die 25 099 Kilometer 7 Tage, 18 Stunden und 49 Minuten.

Welche Frau flog allein von England nach Australien?

Die englische Pilotin Amy Johnson war die erste Frau, die 1930 in einer „Gypsy Moth“ einen Alleinflug von England nach Australien unternahm. Sie erlebte viele Beinahe-Unfälle und hätte fast einen Berg gerammt.

„Gypsy Moth“

Amy Johnson

Stimmt das?

Manche Flugzeuge fliegen knapp über dem Wasser.

JA. Versuchsmodelle, die man Oberflächengleiter nennt, fliegen dicht über der Wasseroberfläche. Sie schweben auf der Luft, die zwischen dem Wasser und den Tragflächen zusammengepresst wird. Darum können ihre Flügel kleiner sein als die anderer Flugzeuge.

Welches Flugzeug ist zugleich ein Schiff?

Flugboote sind Flugzeuge, deren Rumpf wie ein Schiff geformt ist. Sie brauchen keine Start- und Landebahn, sondern starten und landen im Wasser. In den 1930er-Jahren waren große Flugboote wie die Empire-Short-C-Klasse für Langstreckenflüge beliebt.

Erstaunlich! 1938 wurde ein Wasserflugzeug von einem Flugboot in die Luft getragen. Es brauchte dadurch für den Start keinen Treibstoff und konnte nonstop den Atlantik überqueren.

Supermarine S 6B

Wie schnell sind Wasserflugzeuge?

1931 stellte ein Supermarine-Wasserflugzeug bei der „Schneider-Trophy“ einen Geschwindigkeitsrekord auf. Mit seinem Rolls-Royce-Motor erreichte es 655 km/h.

Wie landen Flugzeuge auf Schnee?

Flugzeuge können auf Schnee oder Eis landen, wenn sie statt Rädern Kufen haben. Eines der ersten Flugzeuge mit Kufen war eine Fokker F. VIIA, die für Flüge über den Nordpol benutzt wurde. Moderne Kufenflugzeuge versorgen die Mannschaften auf Polar-Forschungsstationen.

Short-Flugboot „Maia“

Welches Flugzeug hat einen Haken?

Flugzeuge, die auf einem Flugzeugträger landen, fahren bei der Landung am Heck einen Haken aus. Dieser greift in ein über das Deck gespanntes Stahlseil und bringt das Flugzeug mit einem Ruck zum Stehen.

Grumman „Hellcat“

Was war die „Fliegende Festung“?

Die Boeing B-17 war ein viermotoriger schwerer Bomber, der während des Zweiten Weltkriegs im Einsatz der Alliierten flog. Sie war ein dick gepanzertes Flugzeug mit vier Waffendrehständen. Zwischen 1935 und 1945 wurden 12 731 „Fliegende Festungen“ gebaut.

„Fliegende Festung“

Wer griff von der Sonne aus an?

Die japanischen Kampfpiloten des Zweiten Weltkriegs flogen ihre Ziele immer aus der Richtung an, in der die Sonne stand. Im hellen Schein der Sonne waren sie daher für Piloten und Abwehr des Feindes nur schwer auszumachen.

P-51 „Mustang“

Erstaunlich! **Die Northrop P-61 „Black Widow“ jagte feindliche Flugzeuge bei Nacht. Sie war bereits sehr früh mit einem Radar ausgestattet. Da sie schwarz lackiert war, war sie am nächtlichen Himmel kaum zu sehen.**

Stimmt das?

Es gab Flugzeuge aus Holz.

JA. Rahmen, Tragflächen und Teile des Rumpfes der de Havilland „Mosquito“, eines Bombers aus dem Zweiten Weltkrieg, bestanden aus Holz. Deswegen war die „Mosquito“ sehr leicht und sehr schnell!

Wer erfand den Düsenantrieb?

Der Düsenantrieb wurde 1930 von dem britischen Ingenieur Frank Whittle erfunden, 1937 baute er das erste funktionierende Modell. Zur gleichen Zeit arbeitete Hans von Ohain in Deutschland an einer ähnlichen Entwicklung.

de Havilland „Comet“

Heinkel HE 178

Erstaunlich! Als das erste Düsenflugzeug zu seinem Jungfernflug startete, saugte es mit seinem Triebwerk einen Vogel an. Es war eine Heinkel HE 178. Heute sind Düsentriebwerke so gebaut, dass Vögel nicht hineingeraten können, denn sonst könnte das Triebwerk beschädigt werden.

Wann flogen die ersten Düsenflugzeuge?

Die ersten beiden Düsenflugzeuge waren Versuchsmodelle, die im Zweiten Weltkrieg eingesetzt wurden. Die Heinkel HE 178 startete 1939, die Gloster E 28/39 1941.

Gloster E 28/39

Welches war das erste Linienflugzeug mit Düsenantrieb?

Die de Havilland „Comet I“. Sie hatte an den Flügelansätzen vier Düsentriebwerke. 1952 stellte die British Overseas Airways Corporation die „Comet“ für Linienflüge zwischen London und Johannesburg in Dienst.

Stimmt das?

Auch Düsenflugzeuge haben einen Propeller.

JA. Im Triebwerk liegt ein riesiger Propeller, der Luft ansaugt. Bei großen Linienflugzeugen heißen diese Luftschrauben Turbofans. Sie leiten zusammengepresste Luft an die Triebwerke weiter. In der heißen Luft verbrennt Treibstoff, dadurch entstehen heiße Gase, die aus dem Triebwerk strömen und den Schub produzieren.

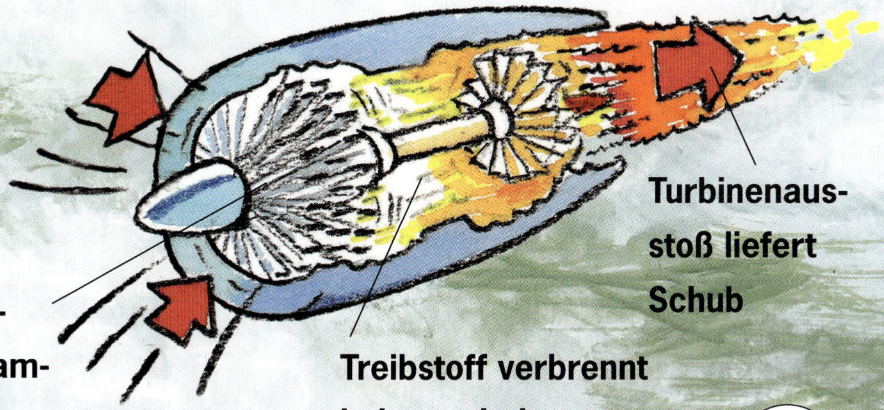

Stimmt das?

Im Zweiten Weltkrieg kämpften die ersten Düsenjäger gegeneinander.

NEIN. Zwar flogen die ersten Düsenjäger gegen Ende des Zweiten Weltkriegs, jedoch nicht in einer Luftschlacht. Der erste Kampf fand 1950, während des Koreakrieges, statt. Eine amerikanische Lockheed-F-80C schoss eine chinesische MIG-15 ab.

Wer hat schwenkbare Tragflächen?

Der Panavia „Tornado" kann seine Tragflächen nach vorn und nach hinten schwenken. Bei Start und Landung schwenken die Tragflächen nach vorn, um dem Flugzeug bei niedrigen Geschwindigkeiten mehr Auftrieb zu geben. Nach dem Start werden sie nach hinten geklappt, und der Jet wird schneller.

Panavia „Tornado"

Erstaunlich!

Viele Düsenjäger können in der Luft tanken. Das Kerosin kommt aus einem großen Tankflugzeug. Beide Piloten müssen sehr geschickt manövrieren, um den Benzinschlauch, der vom Tankflugzeug baumelt, mit dem Düsenjäger zu verbinden.

Tarnkappenbomber

Welches Flugzeug ist unsichtbar?

Die Lockheed F117A ist ein Tarnkappenflugzeug und für Radarsysteme nicht erkennbar. Die flache Form und eine spezielle Lackierung führen zur Zerstreuung feindlicher Radarsignale. Dennoch wurde ein amerikanisches Tarnkappenflugzeug 1999 abgeschossen.

Grumman X-29A

Welcher Jet hat nach vorn gewinkelte Flügel?

Die Grumman X-29A sieht aus, als wäre sie verkehrt herum zusammengebaut. Es handelte sich aber nur um ein Experiment. Allerdings machten die Tragflächen den Jet so instabil, dass er nur von Computern geflogen werden konnte.

Welches Flugzeug kann die meisten Passagiere befördern?

Das größte Passagierflugzeug ist die Boeing 747 „Jumbo Jet“. Das neueste Modell 747-400 hat 660 Sitzplätze. Man plant aber schon eine Linienmaschine mit zwei Decks, die mehr als 900 Menschen befördern soll.

Erstaunlich! Die Hughes H4 „Hercules“ war ein riesiges Flugboot mit einer Spannweite von fast 100 Metern und Platz für 700 Passagiere. Sie trug den Spitznamen „Spruce Goose“ und flog ein einziges Mal: 1947. Heute steht sie in einem Museum.

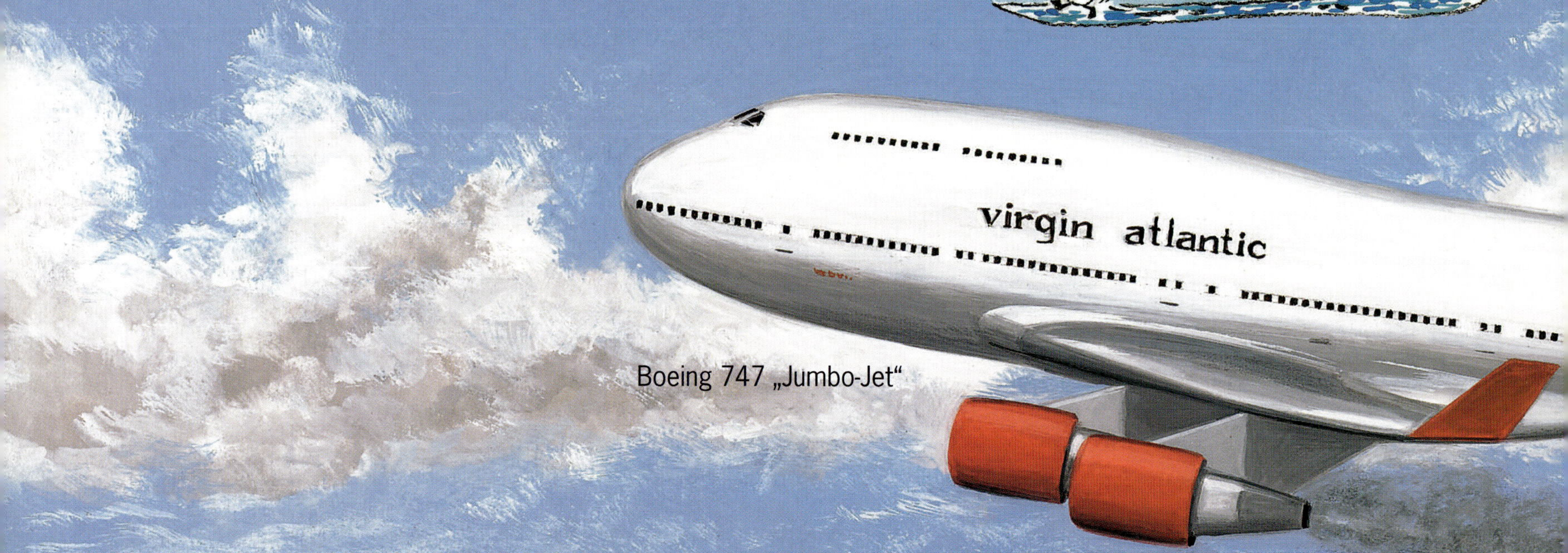

Boeing 747 „Jumbo-Jet“

Welches ist das größte Flugzeug?

Die sechsmotorige russische Transportmaschine Antonov AN-225. Sie kann auf dem Rücken ein anderes Flugzeug befördern und hat dazu noch einen großen Laderaum. Mit Ladung kann sie bis zu 600 Tonnen wiegen.

Stimmt das?

Manche Flugzeuge befördern Panzer.

JA. Große Militärflugzeuge wie die Lockheed C5 „Galaxy“ und die Antonov AN-225 sind groß genug für Panzer. In den Laderaum der „Galaxy“ können über eine Rampe zwei Panzer mit je 50 Tonnen Gewicht einfahren.

Welcher Transatlantik-Flieger hat nur zwei Triebwerke?

Die Boeing 777 überquert den Atlantik mit nur zwei Triebwerken. Bis 1984 hatten alle Transatlantik-Flieger – zur Sicherheit – drei oder vier Triebwerke. Inzwischen ist die Technik zuverlässiger geworden.

Welches Flugzeug kann schneller als 7000 km/h fliegen?

Am 3. Oktober 1967 erreichte ein amerikanisches X-15-Flugzeug mit Raketenantrieb 7270 km/h. Das ist bis heute der Geschwindigkeitsrekord. Das Flugzeug hält ebenfalls den Höhenrekord: 108 000 Meter!

X-15

Welche Flugzeuge haben keine Flügel?

In den 1970er-Jahren experimentierte die amerikanische Luftwaffe mit dem Flugzeug X-24A, das keine Tragflächen hatte, aber trotzdem in der Luft bleiben konnte.

Lockheed SR-71A „Blackbird“

Stimmt das?

Flugzeuge können schneller sein als der Schall.

JA. Manche Überschallflugzeuge wie die „Concorde“ fliegen schneller als der Schall. Und der ist schon 1225 km/h schnell.

Erstaunlich! Der erste Mensch, der mit Überschallgeschwindigkeit flog, war der amerikanische Testpilot Chuck Yeager. 1947 erreichte er in einer Bell X-1 Mach 1,015. Die Schallgeschwindigkeit beträgt Mach 1.

Bell X-1

Chuck Yeager

Welches ist das schnellste Düsenflugzeug?

Das schnellste Düsenflugzeug ist das Aufklärungsflugzeug Lockheed SR-71A „Blackbird“. 1976 erreichte es sagenhafte 3529 km/h. 1974 legte es die Strecke New York–London in nur 1 Stunde und 55 Minuten zurück.

Welches Flugzeug kann in der Luft „stehen“?

Das Kampfflugzeug Hawker-Harrier kann senkrecht starten und landen. Die Düsentriebwerke sind drehbar, sodass der Schub nach unten gerichtet werden kann, damit er das Flugzeug senkrecht anhebt. Fliegt es vorwärts, werden die Triebwerke gedreht.

Erstaunlich!

Um die Möglichkeiten des Senkrechtstarts zu testen, bauten Ingenieure eine Plattform mit zwei Düsentriebwerken, die man auch „Fliegendes Bett“ nannte.

de Havilland „Dash“

Welche Flugzeuge können in Städten starten und landen?

Die de Havilland „Dash“ wird auf kleinen Flughäfen mit kurzen Start- und Landebahnen eingesetzt. Sie braucht zum Starten und Landen nur einige hundert Meter.

Hawker-Harrier

Welches Flugzeug kann seine Triebwerke drehen?

Die Bell/Boeing V-22 „Osprey“ ist eine Kreuzung aus Flugzeug und Hubschrauber. Um vorwärts zu fliegen, werden die senkrecht gestellten Propeller in Fahrtrichtung gedreht.

Bell/Boeing V-22

Stimmt das?

Mit Düsenrucksäcken können auch Menschen fliegen.

JA. Kleine Düsentriebwerke, die man sich auf den Rücken schnallt, heben einen Menschen in die Luft. In dem Film „Thunderball“ entkommt James Bond seinen Feinden mit einem solchen Fluggerät.

Warum werden für Rettungsflüge Hubschrauber eingesetzt?

Hubschrauber können in der Luft stehen bleiben und brauchen wenig Platz zum Starten und Landen. Auf dem Meer können sie über dem Wasser schweben und Menschen retten. Sie werden auch zum Retten verletzter Bergsteiger eingesetzt.

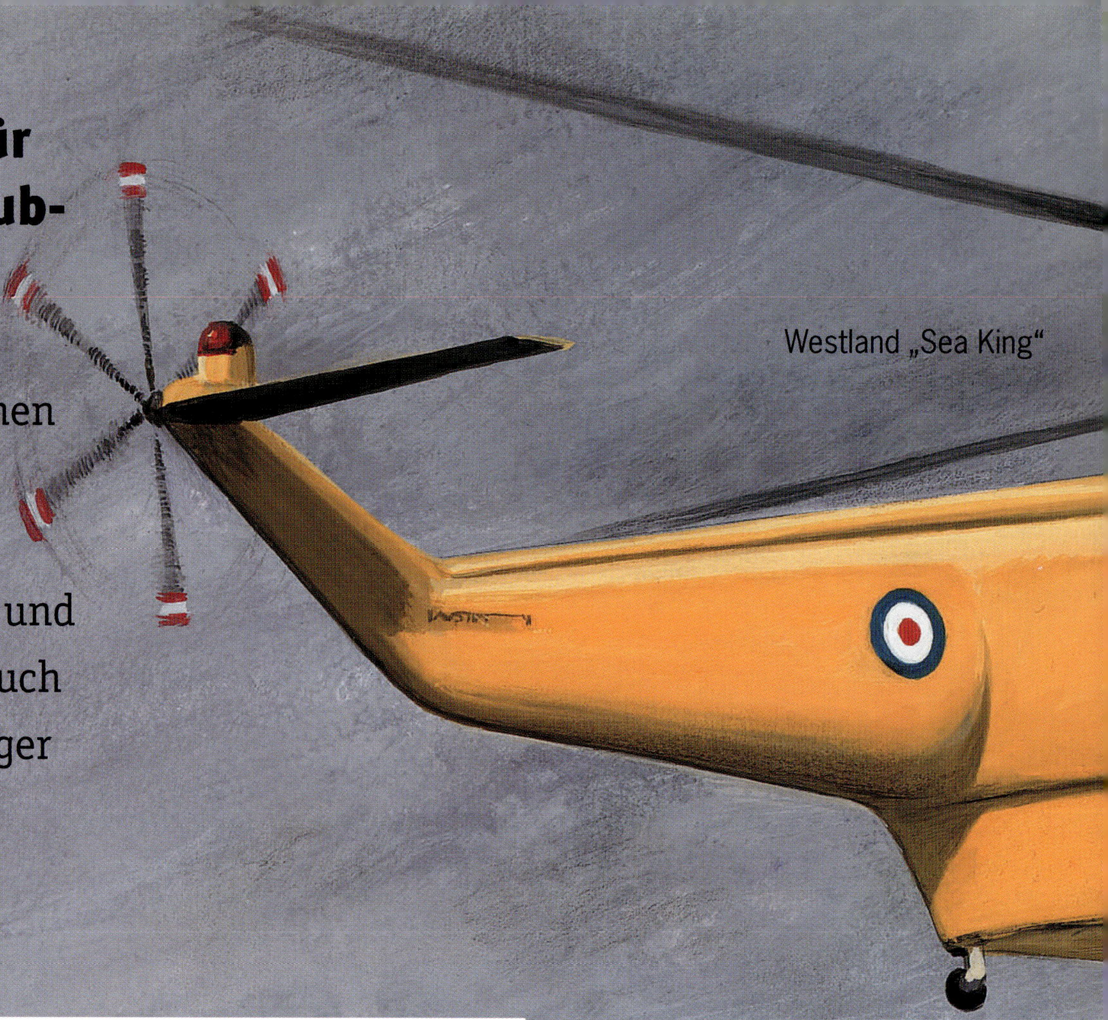

Westland „Sea King“

Sikorsky VS-300

Erstaunlich! **Hubschrauber werden auch als fliegende Kräne benutzt, um schwere Gegenstände über kurze Strecken zu bewegen.**

Wer baute den ersten echten Hubschrauber?

Schon 1907 legten Hubschrauber kurze Strecken zurück. Den ersten wirklich erfolgreichen Hubschrauberflug unternahm aber der Erfinder Igor Sikorsky 1937 mit dem von ihm konstruierten VS-300 – dem Urvater aller modernen Hubschrauber.

Stimmt das?

Alle Hubschrauber haben zwei Rotoren.

NEIN. **Moderne Hubschrauber haben am Heck einen Stabilisator statt eines kleinen Heckrotors. Wenn sich der große Rotor dreht, würde er normalerweise auch den Rumpf des Hubschraubers drehen – das verhindert der Heckrotor. Bei Hubschraubern mit zwei Rotoren drehen sich beide in entgegengesetzte Richtungen, darum ist kein Heckrotor nötig.**

Autogyro

? Was ist ein Autogyro?

Ein Autogyro hat einen Rotor, der nicht von einem Motor angetrieben wird. Wird das Fluggerät durch seinen Propeller vorwärts bewegt, dreht sich der Rotor automatisch und sorgt für den Auftrieb.

Segelflugzeug

Welches Flugzeug hat keinen Motor?

Ein Segelflugzeug fliegt ohne Motor. Es wird gezogen, bis es abhebt, und segelt dann allmählich wieder zu Boden. Segelflieger können stundenlang in der Luft bleiben, da sie von warmen und nach oben steigenden Luftmassen immer wieder angehoben werden. Dieser Auftrieb wird als Thermik bezeichnet.

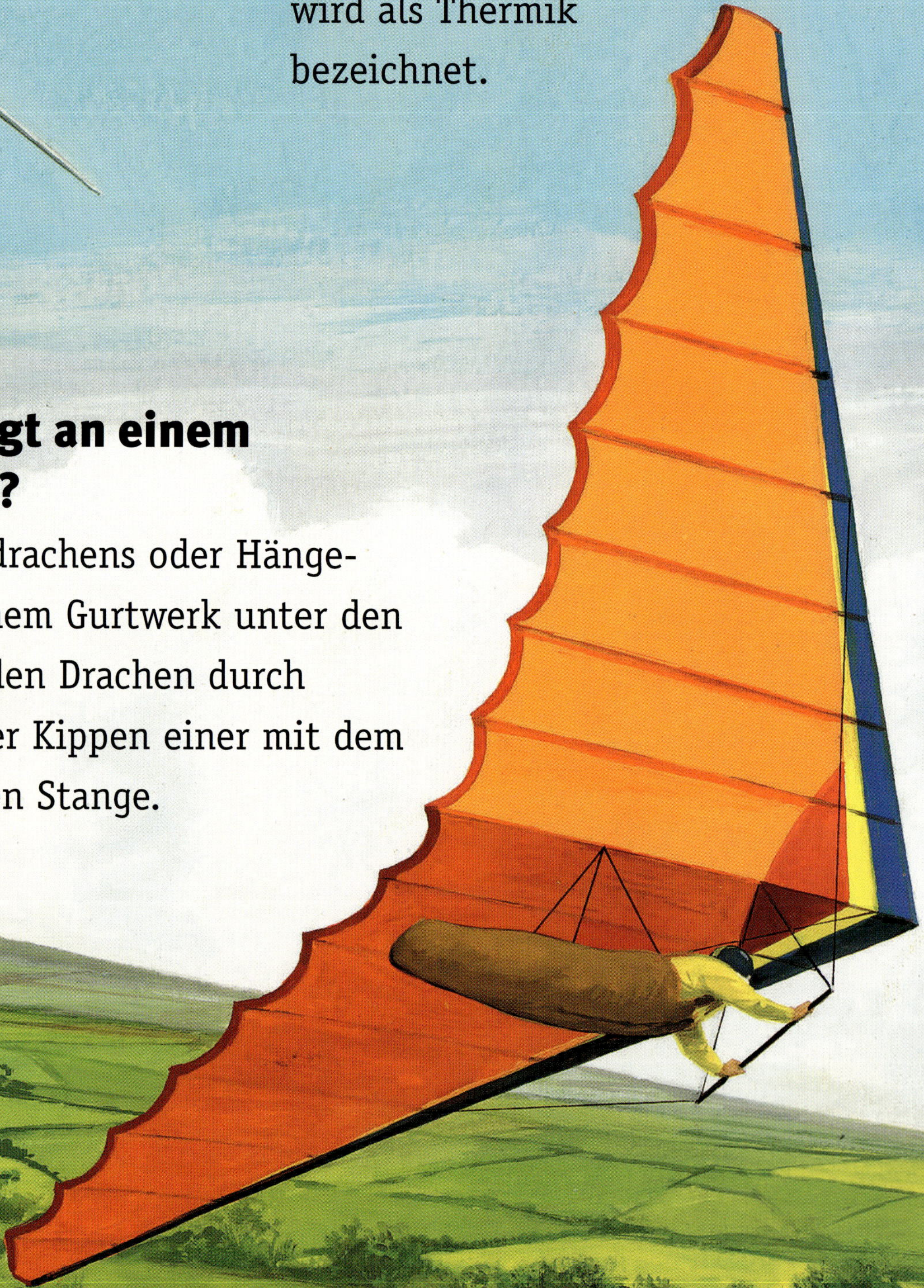

Wer hängt an einem Drachen?

Der Pilot eines Flugdrachens oder Hängegleiters hängt in einem Gurtwerk unter den Flügeln. Er steuert den Drachen durch Ziehen, Drücken oder Kippen einer mit dem Drachen verbundenen Stange.

Heißluftballon

Erstaunlich! Der Pilot eines Gleitschirms kann sich einen kleinen Motor an den Rücken schnallen und fliegen. Ein Gleitschirm füllt sich wie ein Fallschirm mit Luft und wird zu einer Tragfläche. Der Pilot hängt in einem Gurtwerk darunter.

Wer schwebt auf heißer Luft?

Pilot und Passagiere eines Heißluftballons werden durch heiße Luft oben gehalten. Ein Gasbrenner erwärmt die Luft im Ballon, die dadurch leichter wird als die kalte Außenluft. Wie ein mit Luft gefüllter Ball unter Wasser schwebt der Ballon nun aufwärts.

Stimmt das?

Eine Raumfähre kann segeln.

JA. Eine Raumfähre wird durch Raketen ins All gebracht, wie ein Segelflugzeug aber kehrt sie zurück auf die Erde. Die beiden Treibstofftanks werden vor der Rückkehr zur Erde abgekoppelt, sodass der Pilot nur eine Chance zur Landung hat.

KAPITEL ACHT

RAUMSCHIFFE

Wer baute die erste Rakete mit flüssigem Treibstoff?

Der amerikanische Ingenieur Robert Goddard startete im März 1926 seine erste Rakete, die Benzin und flüssigen Sauerstoff verbrannte. Sie erreichte eine Höhe von 12 Metern und landete 56 Meter von der Startbasis entfernt. Aber Goddard bewies damit, dass Raumflüge möglich waren.

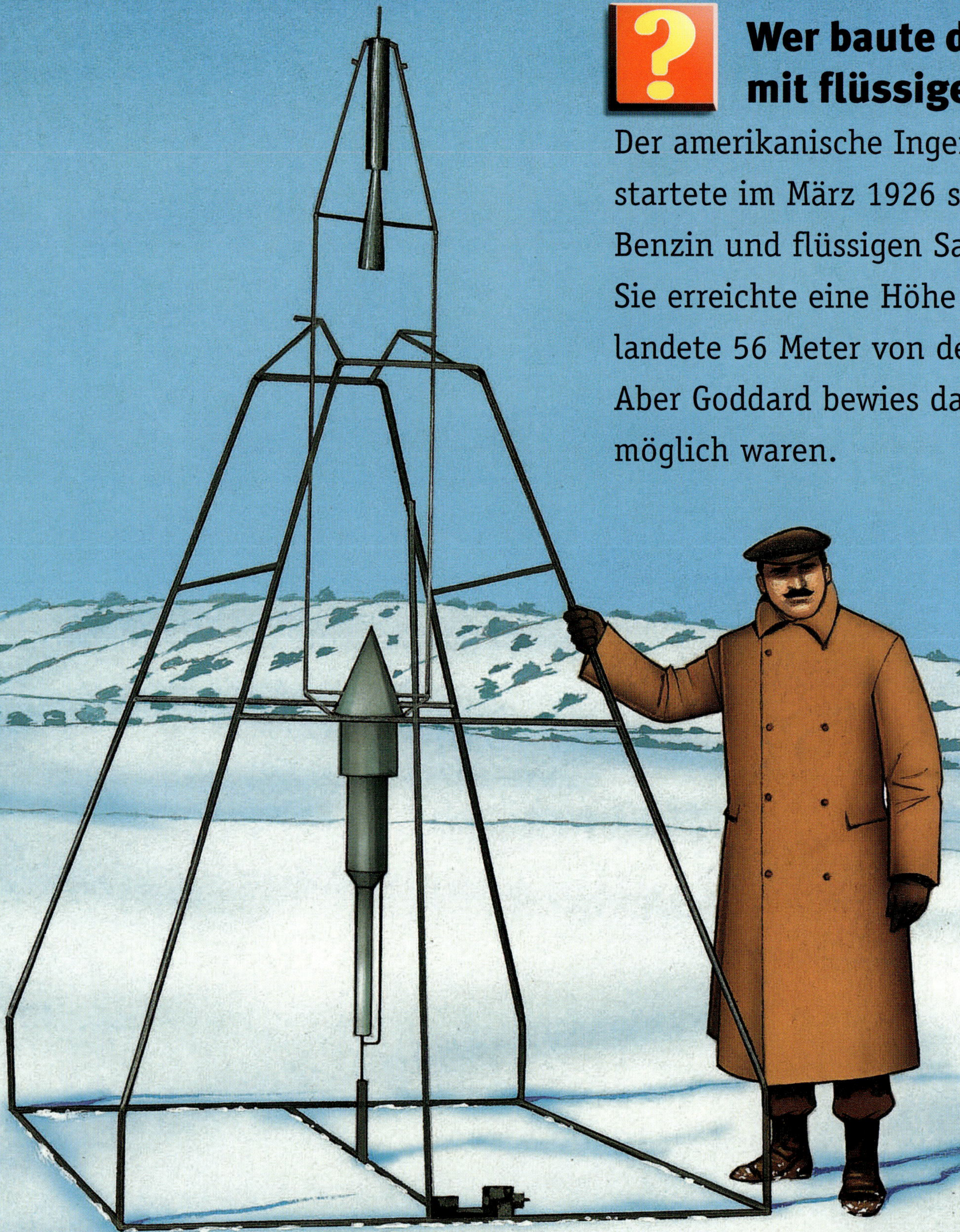

Robert Goddard

Erstaunlich! **Die Chinesen erfanden um das Jahr 1000 Raketen, die mit einer Art Schwarzpulver gefüllt waren und wie ein Feuerwerk abbrannten. In Schlachten wurden sie als brennende Pfeile eingesetzt. Alle wichtigen Fortschritte in der Raketentechnik waren das Ergebnis von kriegerischen Auseinandersetzungen.**

Was tat der erste Satellit?

Am 4. Oktober 1957 schickte die Sowjetunion den Satelliten „Sputnik 1“ in eine Erdumlaufbahn. 121 Tage später folgten die Amerikaner mit „Explorer 1“. „Sputnik“ umkreiste 21 Tage lang die Erde und sendete Funksignale, die die ganze Welt im Radio hören konnte.

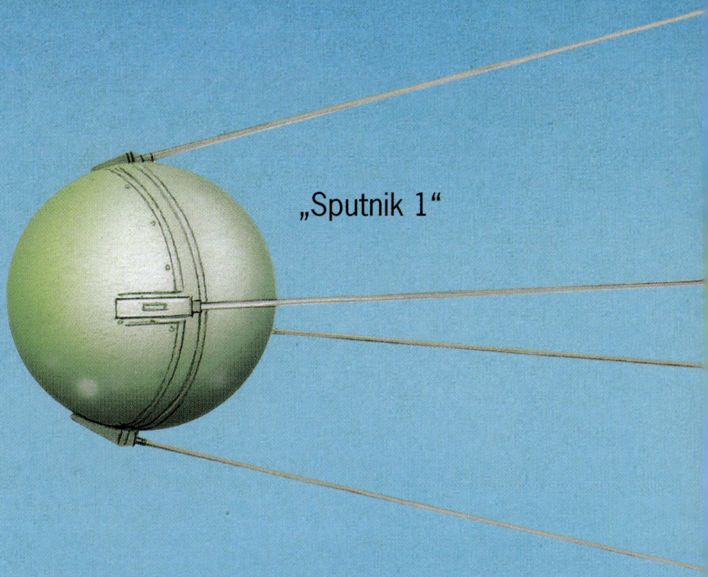

„Sputnik 1“

V2-Rakete

Stimmt das?

Schon im Zweiten Weltkrieg wurden Raketen eingesetzt.

JA. Der deutsche Wissenschaftler Wernher von Braun entwickelte Raketen, die den Ärmelkanal überqueren konnten und Ziele in London zerstörten. Brauns V2-Raketen waren so erfolgreich, dass die Amerikaner ihn nach dem Krieg für ihr eigenes Weltraumprogramm verpflichteten.

Wer war der erste Erdbewohner im Weltraum?

Ehe Menschen sich in den Weltraum wagten, schickten sie Tiere vor. Laika, eine russische Mischlingshündin, reiste als Erste in den Weltraum. Sie umkreiste sieben Tage die Erde und bewies, dass Menschen die Reise wagen konnten.

Laika

Welches waren die größten Raketen aller Zeiten?

Amerikanische „Saturn-5"-Raketen waren 110 Meter hoch und vor dem Start 2903 Tonnen schwer – das entsprach 600 Elefanten. Sie verbrauchten pro Sekunde 15 Tonnen Treibstoff. Mit diesen Raketen wurden die Apollo-Raumschiffe zum Mond befördert.

Eine „Ariane"-Rakete setzt einen Satelliten aus.

Was befördern Raketen?

Raketen werden für einen bestimmten Zweck gebaut. Meist befördern sie einen oder zwei Satelliten. Manche Satelliten dienen der Forschung, andere der Kommunikation und einige auch der Spionage. Natürlich können Raketen auch Menschen befördern.

„Saturn 5"

Stimmt das?

Düsenflugzeuge können im Weltraum fliegen.

NEIN. Um ihren Treibstoff verbrennen zu können, brauchen Düsenflugzeuge Sauerstoff aus der Luft. Im Weltraum gibt es keinen Sauerstoff, darum können sie dort nicht fliegen.

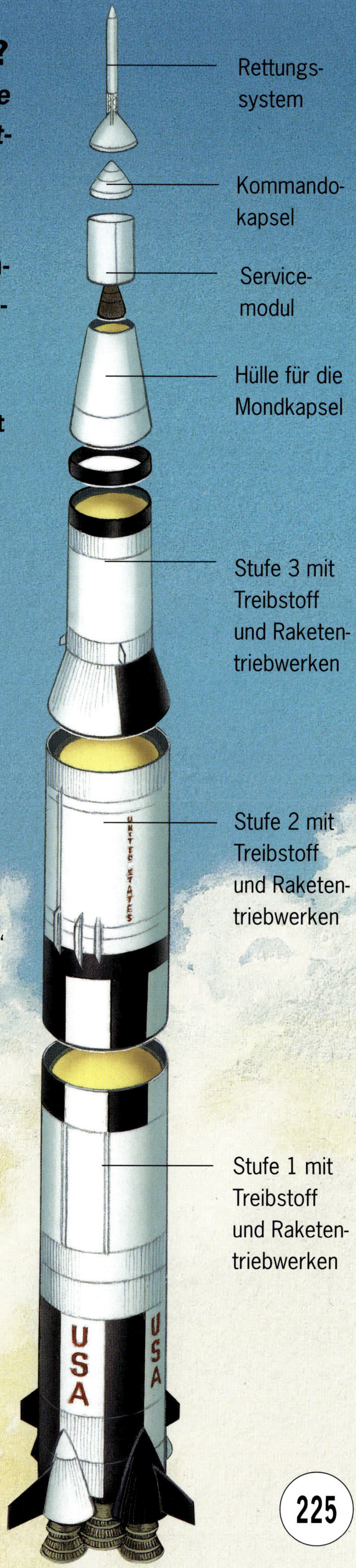

„Saturn 5“

Warum haben Raketen Stufen?

Raketen müssen stark genug sein, um die Anziehungskraft der Erde zu überwinden. Ist der Treibstoff verbraucht, sind Motoren und Tanks nur noch überflüssiger Ballast. Stufe für Stufe wird abgeworfen, was seinen jeweiligen Zweck erfüllt hat.

Erstaunlich! 1928 wurde in Deutschland ein Raketenauto gebaut. Fritz von Opel, Max Valier und Friedrich Sander testeten am 15. März 1928 das erste Modell „Opel-Rak 1“. Opel nutzte das damals gewonnene Wissen dazu, um ein Gleitflugzeug mit 16 Raketentriebwerken zu versehen. Es war das zweite Raketenflugzeug, das jemals gebaut wurde.

Wer war der erste Mensch im Weltraum?

Der 27-jährige sowjetische Kosmonaut Juri Gagarin umkreiste am 12. April 1961 die Erde. In seiner „Wostok 1“ blieb er 90 Minuten im All, bevor er sicher zur Erde zurückkehrte. Gagarin sprang in 5000 m Höhe aus seiner Kapsel und landete mit seinem Fallschirm neben einem sehr überraschten sechsjährigen Mädchen.

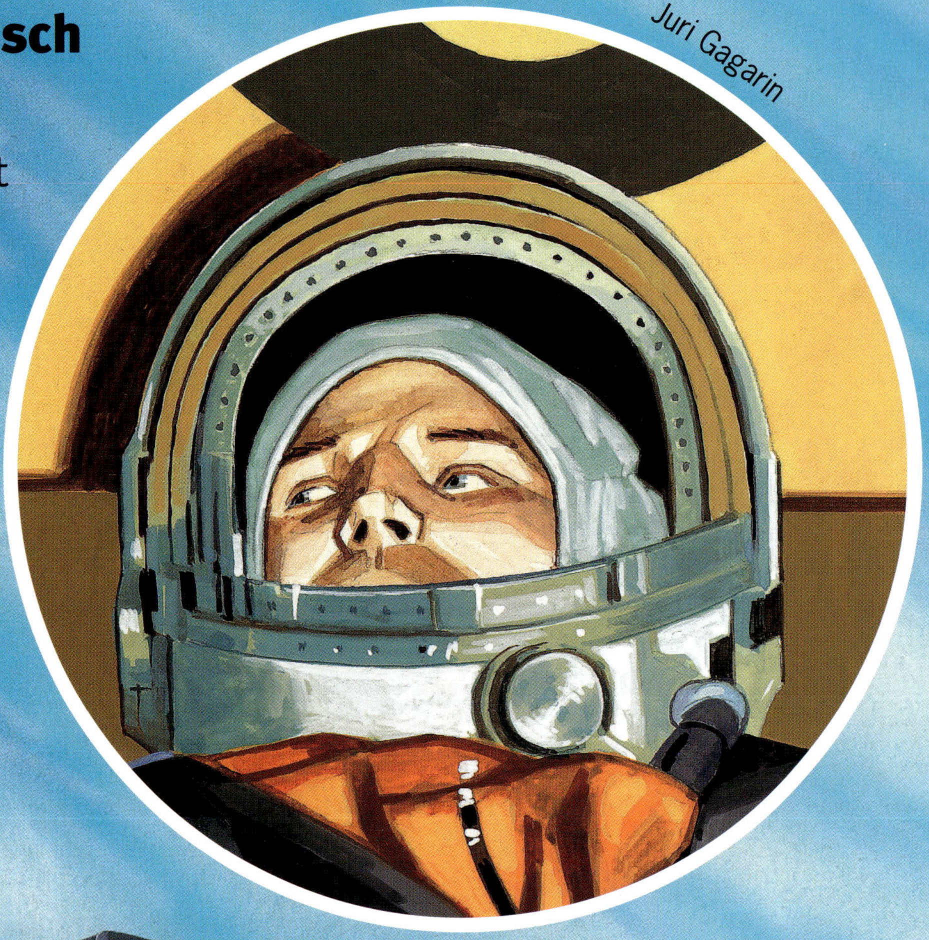
Juri Gagarin

John Glenns „Mercury“-Kapsel

Wie hieß der erste Amerikaner im All?

Alan Shepard war am 5. Mai 1961 im Weltall. Er blieb allerdings nur wenige Sekunden außerhalb seines Raumschiffes, doch von da an wollte Amerika zum Mond. John Glenn war der erste Amerikaner, der die Erde umkreiste.

Erstaunlich! **Vom Weltall aus sieht man die Chinesische Mauer. Vor allem bei Sonnenauf- und -untergang wirft sie lange Schatten und kann mit dem bloßen Auge erkannt werden. Ohne Teleskop sieht man außerdem beleuchtete Großstädte und sogar Supertanker.**

Alexej Leonow verlässt sein Raumschiff „Woschod 2“.

Wer war der erste Weltraumspaziergänger?

Am 18. März 1965 unternahm Alexej Leonow den ersten Weltraumspaziergang. Durch ein Seil blieb er mit seiner Raumkapsel verbunden. Sein Raumanzug war mit Luft gefüllt, die er jedoch ablassen musste, um wieder in die Kapsel zu passen.

Stimmt das?

Die Astronautin Sally Ride war die erste Frau im All.

NEIN. Die Russin Walentina Tereschkowa ließ sich von einer Textilarbeiterin zur Kosmonautin umschulen und startete am 16. Juni 1963 in den Weltraum. In der „Wostok 6“ verbrachte sie fast drei Tage. Sally Ride war 1983 in der Raumfähre „Challenger“ die erste Amerikanerin im All.

Walentina Tereschkowa

Neil Armstrong

Wer war der erste Mensch auf dem Mond?

Der erste Mensch, der am Sonntag, dem 20. Juli 1969, die Mondoberfläche betrat, war Neil Armstrong. Er bezeichnete dies als einen kleinen Schritt für einen Menschen, aber einen großen Schritt für die Menschheit. Ihm folgte Buzz Aldrin, während Michael Collins über ihnen in einer Raumkapsel den Mond umkreiste.

Stimmt das?

Astronauten spielten Golf auf dem Mond.

JA. „Apollo 14" erreichte den Mond 1971 mit Alan Shepard, Amerikas erstem Weltraumfahrer, und Edgar Mitchell an Bord. Sie nahmen Bodenproben und führten einige Experimente durch. Nach Erledigung ihrer Arbeiten nahm sich Shepard einen Golfschläger, klappte ihn auseinander und schlug ein paar Bälle. Wegen der schwachen Anziehungskraft des Mondes flogen sie etwa 370 Meter weit. Auf der Erde wäre dies nicht möglich.

Erstaunlich! Die erste Flagge auf dem Mond hissten Armstrong und Aldrin. Es gibt dort aber keinen Wind, sodass die Flagge mit einem Draht gerade gehalten werden musste. Weil sie zu nah an der Raumfähre stand, fiel sie jedoch beim Start der Fähre um.

Wer brachte ein Auto zum Mond?

Die Mannschaft von „Apollo 15“ brachte 1971 ein Fahrzeug mit auf den Mond. David Scott und James Irwin fuhren den mit Batterien betriebenen Wagen mit einer Geschwindigkeit von bis zu 11 km/h. Er verfügte über eine Satellitenschüssel, eine Kamera und Körbe für den Transport von Mondgestein.

Mondfahrzeug

„Apollo 13“

Wem brachte die Zahl 13 Unglück?

James Lovell und seine Mannschaft befanden sich am 13. April 1970 mit der „Apollo 13“ auf dem Weg zum Mond, als ein Sauerstofftank explodierte und das Raumschiff manövrierunfähig wurde. Mit großer Anstrengung gelang es, die Astronauten unverletzt nach Hause zu holen.

Wie zieht man einen Raumanzug an?

Raumanzüge sind so kompliziert wie das Raumschiff selbst. Sie müssen gut passen, sind aber zunächst 5 Zentimeter zu groß. Dies entspricht in etwa der Verlängerung der Wirbelsäule in der Schwerelosigkeit.

Stimmt das?

Astronauten werden weltraumkrank.

JA. Die Schwerelosigkeit kann den Körper durcheinander bringen und zu Brechreiz führen. Selbstverständlich muss der Magen des Astronauten wieder stabil sein, bevor er einen Weltraumspaziergang machen darf.

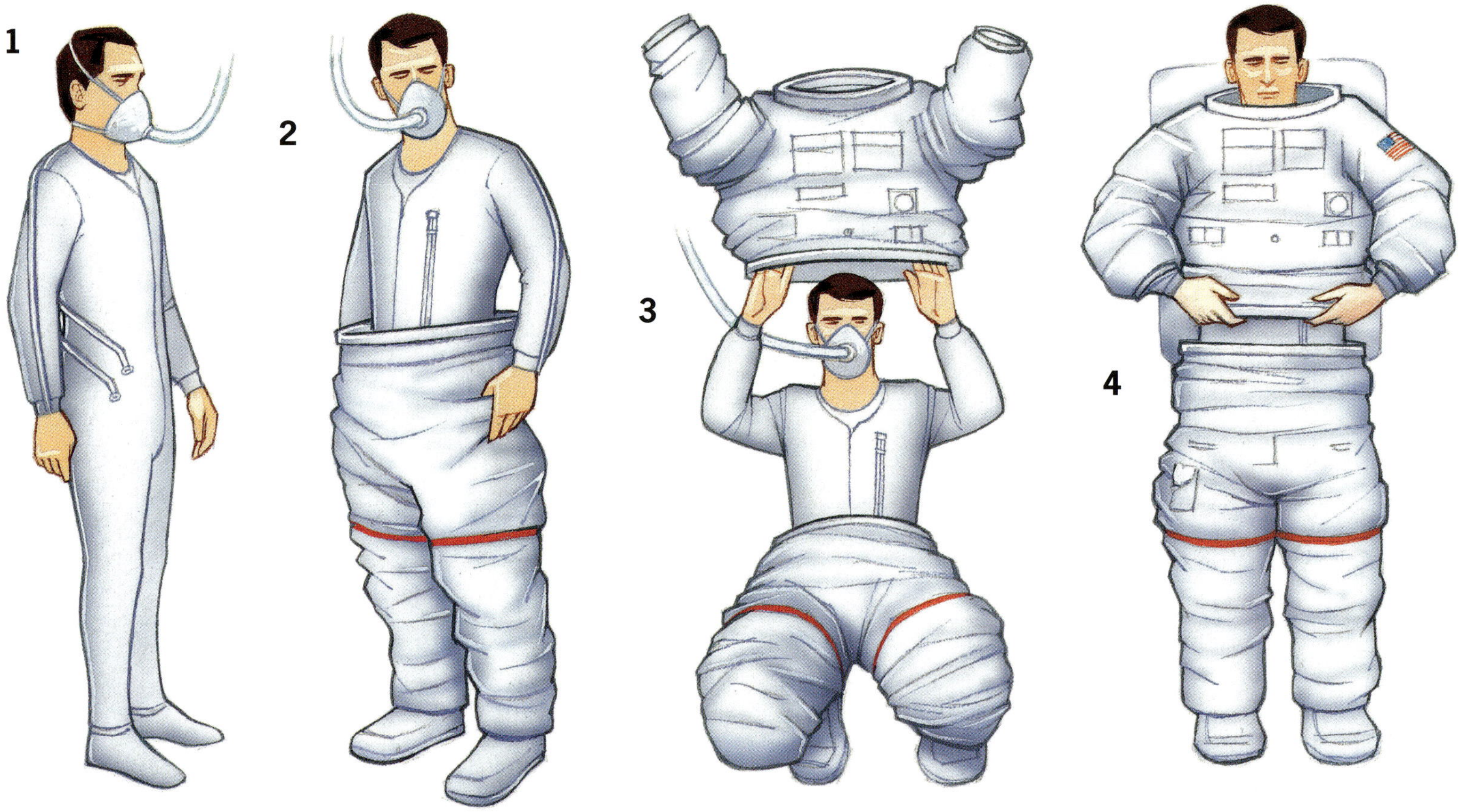

1 Als Erstes kommt eine spezielle Wärme regulierende Unterwäsche. **2** Dann steigt man in die Weltraumschuhe und die Hose. **3** Von unten zieht man sich nun das Oberteil an. **4** Mit Klammern werden Ober- und Unterteil miteinander verbunden. **5** Dann setzt man die Kopfhörer mit Mikrofon auf und überprüft die Funktionstüchtigkeit. **6** Die Handschuhe werden mit dem Raumanzug verbunden. **7** Der Helm wird aufgesetzt und befestigt. **8** Zuletzt werden alle Lebenserhaltungssysteme überprüft, bevor man durch die Luftschleuse nach draußen klettert.

Erstaunlich! Da man sich in einem Raumanzug nicht an die Nase fassen kann, gibt es im Helm ein Gerät, das auf Knopfdruck die Nase zuhält. Die Astronauten verwenden es zum Druckausgleich. Sie lassen sich die Nase zuhalten und blasen kräftig, um die Ohren frei zu bekommen.

Unterwasser-
training

Wer trainiert in einem Wassertank?

Es erfordert viel Übung, in einem sperrigen Raumanzug im All zu arbeiten, doch Fehler sind nicht erlaubt. Daher üben die Astronauten auf der Erde, und zwar unter Wasser, wodurch sie das Gefühl der Schwerelosigkeit simulieren.

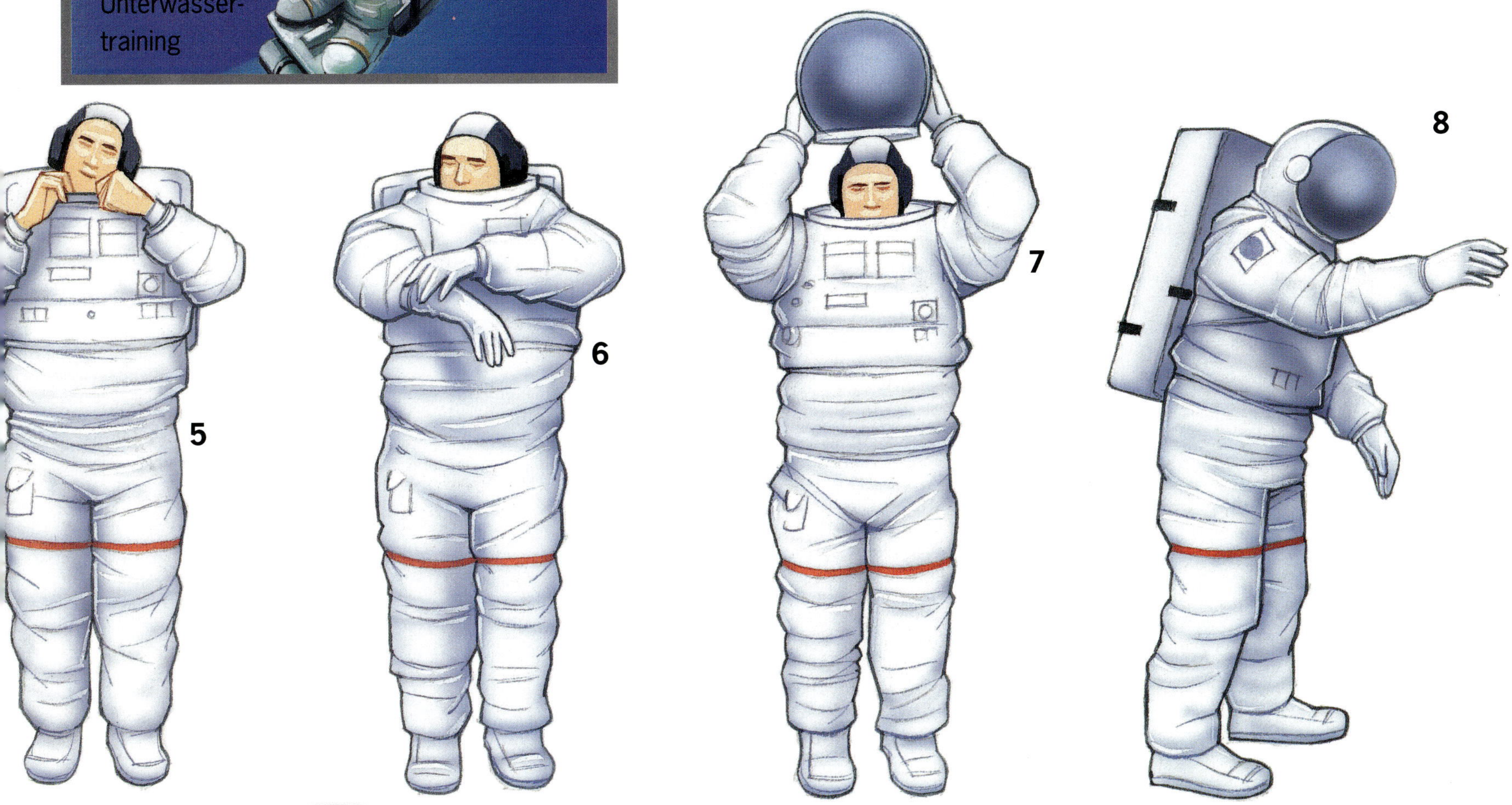

Warum brauchen Astronauten Raumanzüge?

Das Weltall ist ein Vakuum (es gibt keine Luft). Für den Menschen ist das tödlich. Ein Raumanzug gibt dem Astronauten Luft zum Atmen, hält die Temperaturen konstant und blockt Strahlung ab. Auch verhindert er, dass der Körper explodiert.

Wer kehrte mit 30 000 km/h zur Erde zurück?

Reibe deine Hände schnell aneinander, und sie werden warm. Stell dir vor, wie warm die Raumkapseln wurden, als sie mit 30 000 km/h in die Erdatmosphäre eintauchten. Bevor es Raumfähren gab, kamen alle Astronauten in Kapseln zurück auf die Erde. Ein Hitzeschild schützte die Mannschaft vor einer Außentemperatur von ca. 3000 °C.

Raumkapsel beim Eintritt in die Erdatmosphäre

Stimmt das?

Raumschiffe sind wiederverwendbar.

NEIN. Nur die amerikanischen Spaceshuttles und die russische Raumfähre „Buran“ sind wiederverwendbar. Angetrieben von Raketen erreicht die Raumfähre das Weltall, und die Astronauten gleiten in ihr wieder auf die Erde zurück.

Wer segelte mit Fallschirmen ins Meer?

Sobald die Kapsel durch die Erdatmosphäre gebremst worden war, öffneten die Astronauten von innen riesige Fallschirme, die für eine weiche Landung im Wasser sorgten. Nach der Landung konnten die Astronauten von Hubschraubern geborgen werden. Alle vom Mond zurückkehrenden Astronauten segelten so ins Wasser.

Welche Raumfahrer hatten Schleudersitze?

In der Sowjetunion gibt es für die Landung keinen sicheren Ozean, und so mussten die Kosmonauten auf hartem Erdboden landen. Mit Schleudersitzen verließen sie ihre herabstürzende Kapsel in einer Höhe von etwa 5000 Metern und schwebten in Fallschirmen auf den Boden.

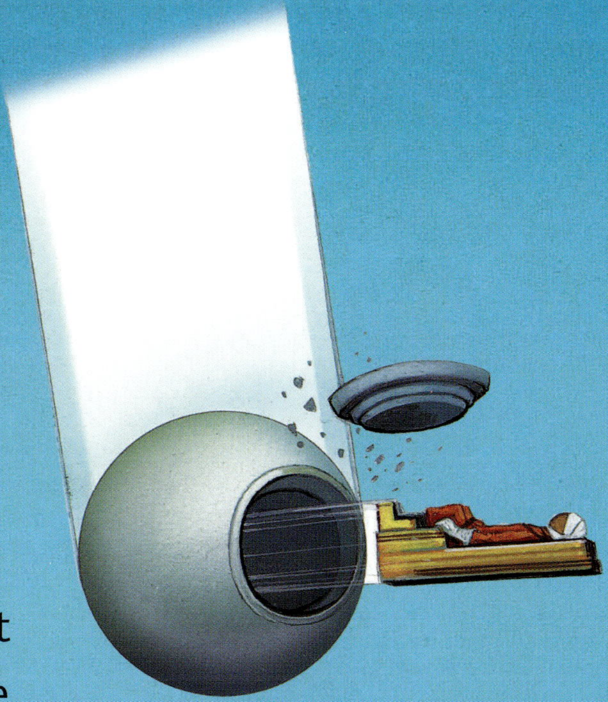

Erstaunlich! Die Russen nennen ihre Raumfahrer Kosmonauten („Weltraumsegler"). Die Amerikaner halten Astronauten („Sternensegler") für das treffendere Wort.

Was essen Astronauten?

Raumfahrer haben dehydrierte (entwässerte) Nahrung im Gepäck, da sie weniger wiegt. Durch die Verbindung von Wasserstoff und Sauerstoff im All kann ihr Raumfahrzeug Wasser gewinnen, das sie dann ihrer Nahrung zugeben. Sie essen langsam und vorsichtig, damit das Essen nicht umherfliegt.

Mahlzeit im Weltraum

Astronauten testen die Weltraumdusche.

Stimmt das?

Astronauten können sich im All nicht waschen.

NEIN. Die Raumstation „Skylab“ hatte eine Dusche, und auch die künftigen werden eine haben. Die Astronauten klettern zum Waschen in eine Kabine, anschließend wird das Wasser abgesaugt. In einer Raumfähre jedoch gibt es keine Dusche, und die Mannschaft benutzt Waschlappen.

Erstaunlich! Krabben, Spinnen, Fliegen, Bienen, Quallen, Frösche und Goldfische waren im Weltraum! Zuerst wurden Tiere ins All geschossen, um zu testen, ob eine Raumfahrt den Menschen tötet. Das erste Lebewesen, das den Mond umkreiste, war eine Schildkröte!

Wie lange kann man im All bleiben?

Schwer zu sagen! Die größten Gefahren gehen von der Schwerelosigkeit und der Strahlung aus. Unter guten Bedingungen wahrscheinlich einige Jahre.

Andocken der Raumfähre an die Raumstation MIR

Wie geht man im All auf die Toilette?

Sehr vorsichtig! Beim Abdrücken fungiert die Luft in der Schüssel wie ein Staubsauger. Flüssiges wird ins All geschleudert, Feststoffe mit nach Hause gebracht.

Welches Raumschiff kann man mehrmals benutzen?

Der Spaceshuttle war das erste Raumschiff, das mehrmals benutzt werden konnte. Anstelle von einzelnen Raketenstufen hat es Booster und einen großen Tank, die der Shuttle abwirft, kurz bevor er seine Umlaufbahn erreicht. Später gleitet er auf seinen Flügeln zur Erde zurück.

3

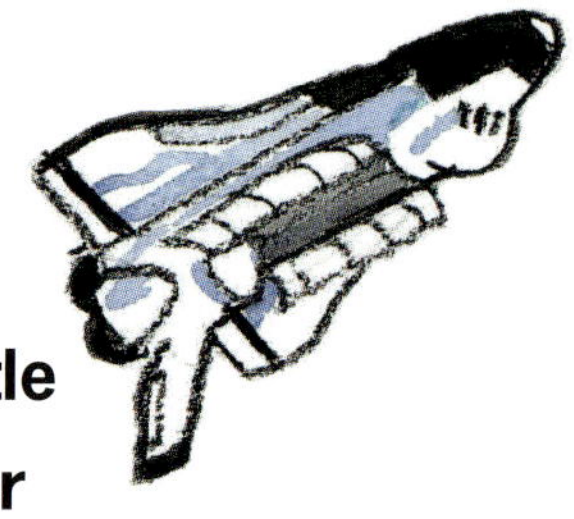

3 Der Shuttle kehrt immer wieder zur Erde zurück.

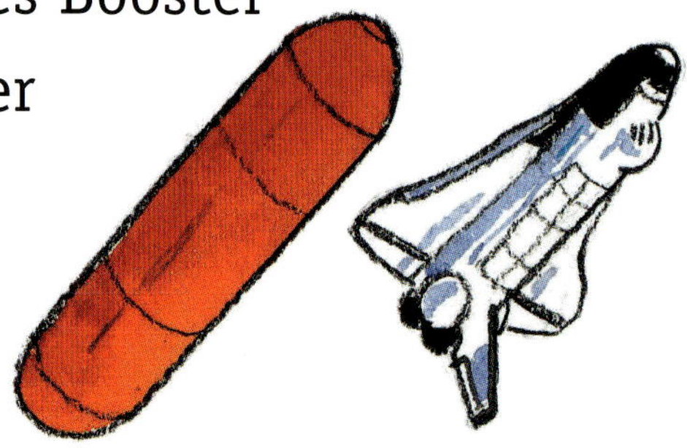

2

2 Der Tank wird abgeworfen und verglüht in der Atmosphäre. Das einzige Teil, das nicht mehrmals benutzt wird.

1

1 Die Booster lösen sich und fliegen an Fallschirmen zur Erde. Auch sie werden wieder verwendet.

MMU in Aktion

Was ist ein MMU?

Eine „Manned Maneuvring Unit“ ist eine Art Raumschiff zum Umschnallen. Ein Astronaut kann sich damit frei im Weltraum bewegen. Mit 24 winzigen Düsentriebwerken kann er in alle Richtungen fliegen.

Erstaunlich! Der Spaceshuttle hat einen großen Frachtraum. Er kann Lasten von bis zu 29 Tonnen befördern – so viel wiegt ein ausgewachsener Buckelwal.

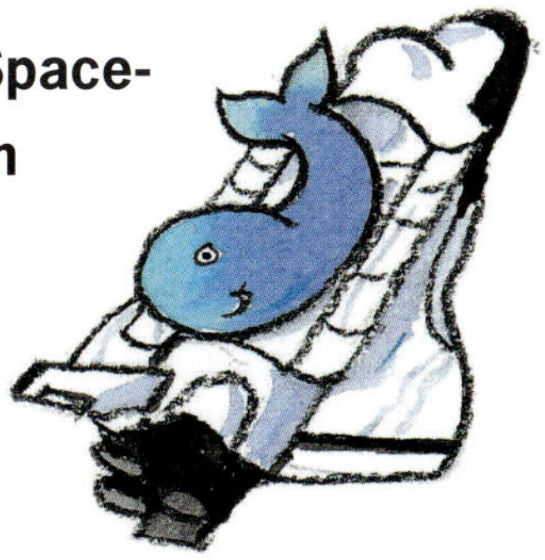

Wozu dient der Spaceshuttle?

Zuerst wurde der Spaceshuttle benutzt, um Satelliten ins All zu bringen. Seit 1986 ein Shuttle explodierte, verwendet die NASA dafür wieder unbemannte Raumschiffe. Heute dient der Shuttle der Forschung, der Reparatur von Satelliten und dem Aufbau einer bemannten Raumstation.

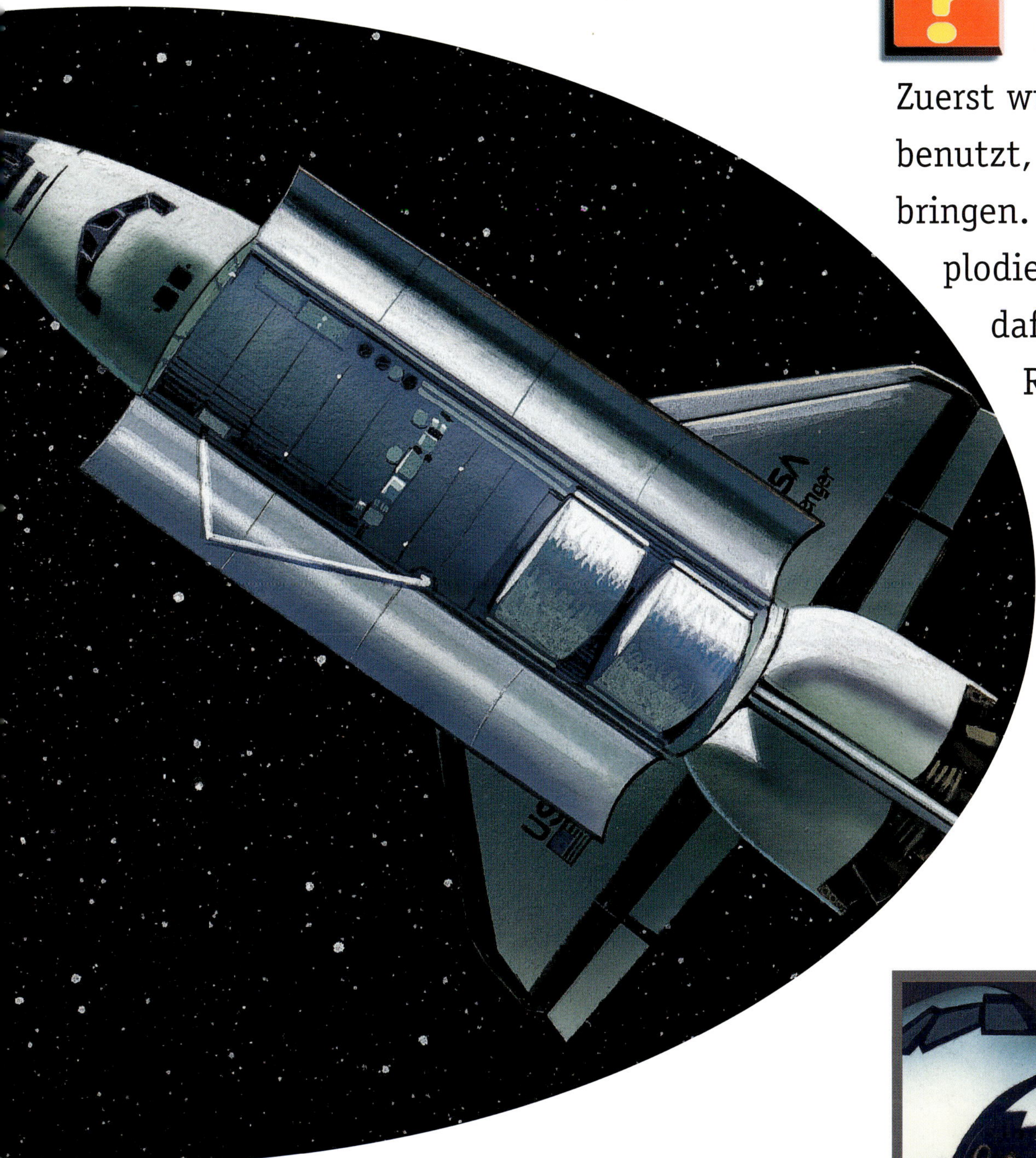

Hitzekacheln

Stimmt das?
Der Spaceshuttle ist gefliest.

JA. Der Shuttle besteht aus Aluminium; Metall aber schmilzt bei hohen Temperaturen. Wenn ein Shuttle zur Erde zurückfliegt, kann er bis zu 3000 °C heiß werden. Darum sind Nase und Rumpf durch 20 000 hitzefeste Fliesen geschützt.

Was ist ein Satellit?

Jeder Gegenstand, der einen anderen umkreist, ist ein Satellit. Die meisten von Menschen gebauten Satelliten sind kleiner als ein Auto. Manche beobachten die Erde, andere senden elektronische Signale und einige sind Teleskope, die das All erforschen. Die Erde hat auch einen natürlichen Satelliten – den Mond.

Warum fliegen Satelliten nicht weg?

Wenn Satelliten von einer Rakete abgesetzt worden sind, möchten sie ins All sausen. Aber zugleich hält sie die Erdanziehungskraft zurück. Die beiden Kräfte wirken entgegengesetzt und sorgen dafür, dass der Satellit auf einer festen Umlaufbahn um die Erde kreist.

Sind Satelliten schon einmal heruntergefallen?

Ja, das ist schon vorgekommen. Satelliten sind ins Meer gefallen, und Teile der Raumstation „Skylab“ hat man 1979 auf Ackerland in Australien gefunden.

Ein Satellit fällt ins Meer.

Stimmt das?

Es gibt Spionagesatelliten.

JA. Spionage war einer der wichtigsten Gründe für das Wettrennen zwischen den Sowjets und den Amerikanern im Weltraum. Spionagesatelliten sind mit Teleskopkameras ausgestattet und ließen früher Filme mit Fallschirmen zur Erde fallen. Heute nehmen sie Digitalfotos auf, die zur Erde gefunkt werden – natürlich verschlüsselt.

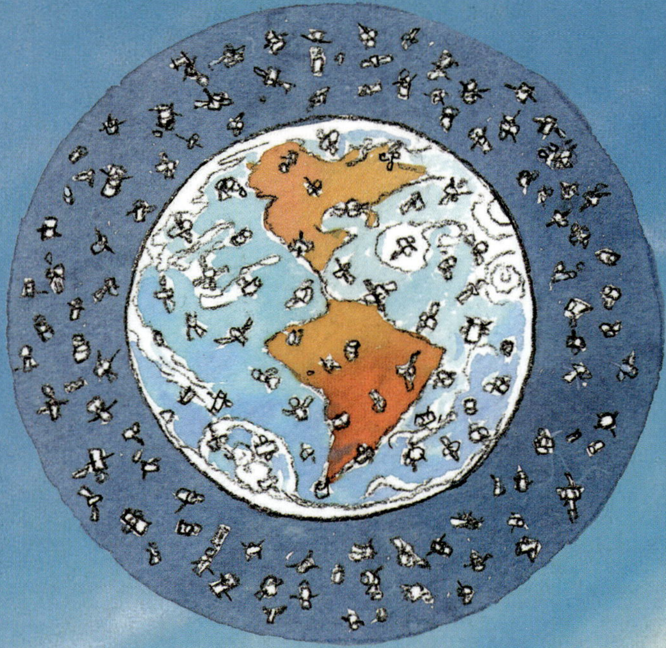

Erstaunlich! Etwa 150 000 Stücke Weltraummüll umkreisen mit enormer Geschwindigkeit die Erde. Der Spaceshuttle wurde einmal durch den Zusammenstoß mit einem Farbsplitter beschädigt. Die amerikanische Luftwaffe beobachtet die 8500 größten Teile. Um den Weltraum zu säubern, werden Teile in die Erdatmosphäre gelenkt, wo sie verglühen.

Gibt es ein Teleskop im Weltraum?

Wegen der wolkigen, schmutzigen Atmosphäre sieht es aus, als ob die Sterne flimmern. Forscher haben nur eine schlechte Sicht. Im Weltraum gibt es keine Luft, dort ist die Sicht viel besser. Das Hubble-Weltraumteleskop hat schon Fotos von Galaxien gemacht, die 13 Milliarden Lichtjahre entfernt sind.

Hubble-Weltraumteleskop

Erstaunlich! **Man kann mehrere Teleskope zu einem „Superauge" zusammensetzen. Zuerst werden viele kleine Teleskope in den Weltraum transportiert, dann werden sie zusammengesetzt wie die Perlen einer riesigen Kette. Computer vergleichen die Bilder der einzelnen Teleskope und füllen die Lücken aus. Auf diese Weise entsteht ein virtuelles Teleskop, das genaue Bilder liefert.**

Reparatur an Hubble

Eagle-Nebel

Stimmt das?

Mit dem Hubble-Teleskop wurde schon die Geburt von Sternen beobachtet.

JA. Dieses Hubble-Bild zeigt die Entstehung von Sternen im Eagle-Nebel. Die Wolkenfinger sind größer als unser ganzes Sonnensystem. Sie bestehen aus Gas und Staub, der sich langsam verdichtet. Dabei werden die Klumpen immer heißer – es entstehen tausende neuer Sterne.

Was passiert, wenn das Teleskop eine Störung hat?

Gleich nach der Inbetriebnahme musste das Hubble-Teleskop repariert werden, weil einer der Spiegel, der Bilder einfangen sollte, die falsche Form hatte und die Bilder verzerrte. Im Dezember 1993 brachte ein Shuttle Astronauten zum Teleskop, die die Reparatur ausführten.

Raumsonde „Voyager“ über dem Neptun

Wer hat schon alle Planeten besucht?

Noch können Menschen nicht zu anderen Planeten fliegen. Für einen Flug zum Mars bräuchte man ein größeres Raumschiff als den Shuttle. Unbemannte Raumsonden wie die „Voyager“ haben aber bereits sämtliche Planeten des Sonnensystems überflogen.

Stimmt das?

Wir haben schon Bilder vom Merkur gesehen.

JA. Um 1970 flog die Raumsonde „Mariner 10“ dreimal zum Merkur. Sie machte Fotos und entdeckte das sonderbare Magnetfeld des Planeten sowie Anzeichen von Eis an seinen Polen.

Sonde „Venera“

Welcher Raumsonde wird es ganz schön heiß?

Vier „Venera“-Sonden sind auf der Venus gelandet, wo es 480 °C heiß ist. Außerdem regnet es dort reine Schwefelsäure!

Sonde „Cassini“

Erstaunlich!

Die Sonde „Huygens“ wurde gebaut, um auf dem Titan, dem größten Mond des Saturns, zu landen. Dorthin gelangt sie mithilfe der Sonde „Cassini“. Titan ist größer als die Planeten Merkur und Pluto. Er hat eine eigene, wolkige Atmosphäre, die uns den Blick auf seine Oberfläche versperrt. Möglicherweise ist er von Wasser bedeckt, darum kann „Huygens“ schwimmen.

Welche Raumsonde hat einen Kometen besucht?

„Giotto“ sollte den Halleyschen Kometen studieren, der 1986 die Erde passierte. Die Sonde hatte einen Schild zum Schutz vor dem Kometenschweif. „Giotto“ machte aus 600 Kilometer Entfernung Fotos vom Felskern des Kometen.

„Giotto“ neben dem Halleyschen Kometen

Stimmt das?

Es gibt Leben auf dem Mars.

NEIN. Sonden haben den Boden des Mars auf Leben untersucht und auch Nahrung abgelegt, um zu prüfen, ob vielleicht jemand Hunger hat. Keine Spur! In Marsgestein entdeckten Forscher etwas, was sie zuerst für Fossilien hielten. Inzwischen meinen sie, dass es nur ungewöhnliche Kristalle sind. Es gibt wohl keine Lebewesen auf dem Mars – es sei denn, sie verstecken sich vor uns.

Was sprang auf dem Mars umher?

Der „Pathfinder" landete in einem Bündel aus Ballons auf dem Mars. Die Ballons hingen an einem Fallschirm und verloren bei ihrer Landung Luft. Dann fuhr das Fahrzeug „Sojourner" langsam über sie.

Wer fuhr ein Fahrzeug auf dem Mars?

Der „Pathfinder" (1997) war mit einem kleinen sechsrädrigen Fahrzeug namens „Sojourner" ausgestattet. Forscher auf der Erde steuerten „Sojourner", um bestimmte Messungen durchzuführen. Weil „Sojourner" aber nicht alle Steuerbefehle empfangen konnte, fuhr es sich fest. Wesentlich besser funktionierte das Fahrzeug „Spirit", das 2004 auf dem Mars abgesetzt wurde.

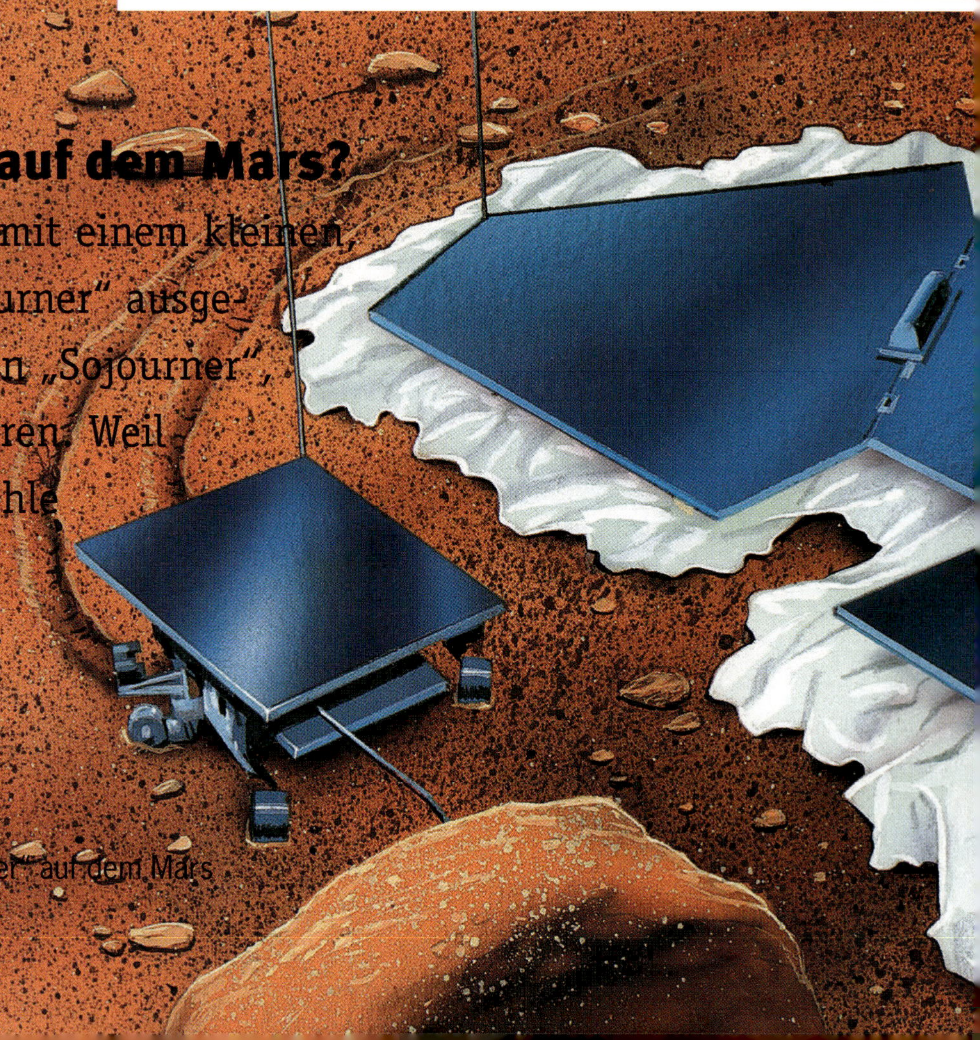

„Sojourner" auf dem Mars

? Sind wirklich schon Wikinger auf dem Mars gelandet?

In den 1970er-Jahren landeten zwei Sonden namens „Viking 1“ und „Viking 2“ (Wikinger 1 und 2) auf dem Mars. Sie sendeten etwa 3000 Fotos zur Erde, studierten das Wetter und untersuchten den Boden auf Lebenszeichen, fanden aber keine Aliens.

Landung des „Pathfinder“ auf dem Mars

Mars-Sonde

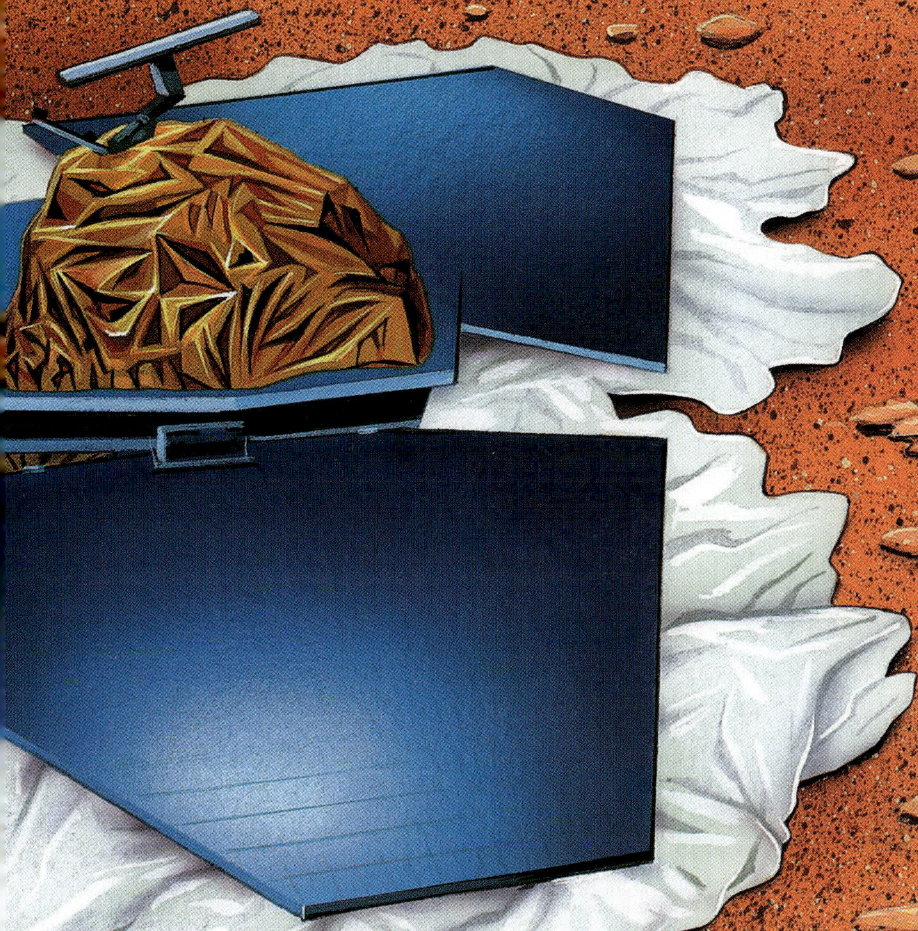

Erstaunlich! 20 Jahre vor „Pathfinder“ scheiterten Versuche, Sonden zum Mars zu schicken. 16 russische Sonden explodierten beim Start, verfehlten den Planeten oder zerschellten bei der Landung. Die amerikanische Sonde „Observer“ explodierte beim Eintritt in die Atmosphäre des Mars. Einige Sonden sind einfach verschwunden.

Erstaunlich! John Glenn flog mit 77 Jahren ins All. Sensoren auf seiner Haut überwachten seine Gesundheit. 36 Jahre zuvor war er schon einmal geflogen – als erster Amerikaner im Weltraum.

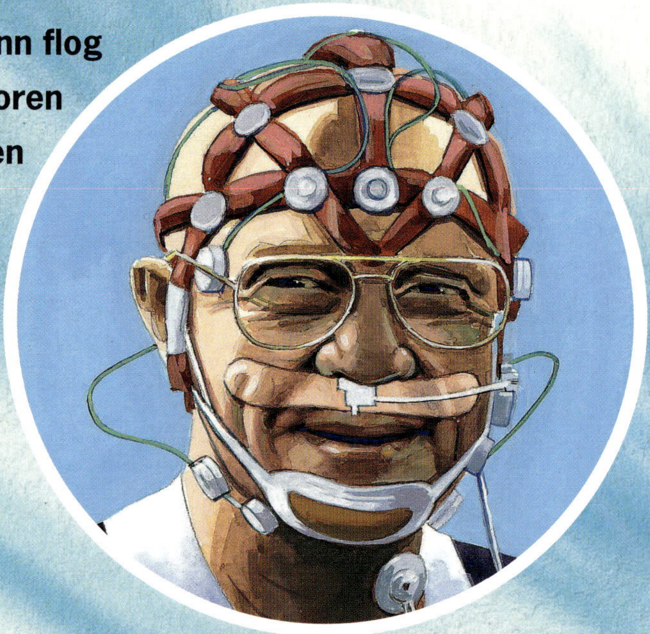

John Glenn

Wer baut eine neue Raumstation?

Die USA bauen zusammen mit anderen Ländern eine internationale Raumstation (ISS). Die einzelnen Teile werden mit dem Spaceshuttle befördert. Sie werden in den USA, aber auch in Japan, Russland, Kanada und Europa hergestellt. Mit riesigen Sonnenkollektoren stellt die ISS ihre Elektrizität selbst her.

Internationale Raumstation ISS

Wird es eine Station auf dem Mond geben?

Wenn der Verkehr im Weltraum zunimmt, kann eine Raumstation auf dem Mond sinnvoll sein. Wegen der geringen Anziehungskraft des Mondes im Vergleich zur Erde könnten dort auch große Raumschiffe starten und landen.

Mondstation der Zukunft

Stimmt das?

Man kann sich im Weltraum beerdigen lassen.

JA. Eine preiswerte neue Rakete namens „Pegasus“ macht das möglich. 1997 brachte die Rakete die Asche von 25 Personen in den Weltraum, wo sie verstreut wird – für einen Preis von 5000 US-Dollar. Nach einigen Jahren fällt die Rakete wieder auf die Erde zurück.

Wird es je Weltraumreisen geben?

Nur wenige Menschen können Astronauten werden. Es gab schon einige Weltraumtouristen, die für ihren Urlaub allerdings sehr viel Geld bezahlten.

Weltraumhotel der Zukunft

Wie werden die Raumschiffe der Zukunft aussehen?

Schon bald werden Raumflugzeuge die Spaceshuttles ablösen. In Amerika werden neue Modelle entwickelt, die „VentureStar“ heißen und deren Betrieb 70 Prozent weniger kostet als der des Spaceshuttles. Mit „VentureStar“ könnte man sehr schnell in die Umlaufbahn gelangen und im Weltraum andere Raumschiffe zusammenbauen. Dann wäre sogar ein riesiger Transporter denkbar, der Menschen zum Mars bringt.

VentureStar

Können wir jemals andere Sonnensysteme besuchen?

Das nächste Sonnensystem ist 4,3 Lichtjahre entfernt. Der Spaceshuttle würde für die Reise 158 000 Jahre brauchen. Für solche Flüge müssen also erst geeignete Raumschiffe erfunden werden.

Raumschiff der fernen Zukunft

Erstaunlich! **Man könnte auf einem Laserstrahl ins All fliegen. Forscher in Amerika testen einen Laser, der ein Luftpolster unter einem Raumschiff erhitzt. Die heiße Luft treibt das Raumschiff nach oben. So spart man sich die Antriebsenergie für schwere Treibstofftanks.**

Leben auf dem Mars?

Können wir den Mars besiedeln?

Roboter könnten eine Basis auf dem Mars bauen. Im Freien müssten Menschen Raumanzüge tragen, doch in luftdichten Wohnanlagen könnten sie fast wie auf der Erde leben. Genetisch veränderte Pflanzen könnten wachsen, die sauerstoffhaltige Luft und Wasser erzeugen und so den Planeten bewohnbar machen könnten.

Glossar

Achse Teil eines Fahrzeugs, das zwei Räder oder Lager miteinander verbindet.

Amphibienfahrzeug Ein Fahrzeug, das an Land und im Wasser fahren kann.

Astronom Ein Wissenschaftler, der den Weltraum erforscht – meist mithilfe von Teleskopen.

Atommüll Gefährliche Abfallstoffe, die in Atomkraftwerken anfallen.

Auspuff Ein Metallrohr, durch das die Abgase eines Motors ins Freie gelangen.

Beiwagen (Seitenwagen) Ein einrädriges Fahrzeug, das seitlich an einem Motorrad befestigt wird.

Benzinmotor In dem auch als Ottomotor bezeichneten Motor werden Kraftstoff und angesaugte Luft im Zylinder über Zündkerzen gezündet, was die Kolben in Bewegung bringt.

Blinker Lampen an Fahrzeugen, die anderen Verkehrsteilnehmern anzeigen, dass der Fahrer die Richtung ändern möchte.

Bremsen Vorrichtungen zum Verlangsamen der Geschwindigkeit. Bei Fahrzeugen werden meist Klötze oder Backen fest gegen Bremsscheiben gepresst.

Bug Der vordere Teil eines Schiffes. Meist ist er spitz, damit er dem Wasser wenig Widerstand bietet.

Cabrio Ein Auto, dessen Dach man abnehmen kann.

Chassis (Fahrgestell) Der untere Teil eines Fahrzeugs, an dem die Achsen befestigt sind.

Container Eine große Kiste aus Metall, die mit einer Ladung gefüllt und auf Schiffen, LKWs oder Eisenbahnen transportiert wird.

Dampfmaschine Eine Maschine, deren Kolben durch heißen Dampf angetrieben werden.

Dieselmotor Ein Motor, in dessen Kammern Dieseltreibstoff in hochverdichteter Luft verbrannt wird.

Doppeldecker Ein Flugzeug mit zwei Tragflächenpaaren.

Dragster Ein Fahrzeug mit hoher Geschwindigkeit, das für Rennen benutzt wird.

Düsentriebwerk Ein Motor, der Flugzeuge vorwärts treibt. Er verbrennt flüssigen Treibstoff und erzeugt einen starken Gasstoß, der für den Vortrieb sorgt.

Einbaum Ein Boot, das aus einem ausgehöhlten Baumstamm gebaut ist.

Eindecker Ein Flugzeug mit nur einem Tragflächenpaar.

Fahrwerk Die Räder eines Flugzeugs, die zum Start und zur Landung ausgeklappt und während des Fluges eingeklappt werden.

Federung Ein System aus Federn und Dämpfern an der Unterseite eines Fahrzeugs, das auch auf unebener Strecke dafür sorgt, dass die Fahrgäste nicht zu stark durchgeschüttelt werden.

Feststoffraketen (Booster) Die Raketen, die benutzt werden, um ein Raumschiff ins All zu befördern.

Flugboot Ein Flugzeug, dessen Rumpf wie ein Schiff geformt ist. Es kann auf dem Wasser starten und landen.

Flüssiger Sauerstoff Sauerstoff ist das Gas in der Luft, das nötig ist, damit etwas verbrennen kann. Raketen haben einen Tank mit flüssigem Sauerstoff, damit ihre Motoren auch dort funktionieren, wo es keine Luft gibt.

Gänge Ein mechanisches System zur Regulierung der Kraftübertragung vom Motor auf die Räder. Durch die Wahl bestimmter Gänge kann der Fahrer anfahren und unterschiedliche Geschwindigkeiten wählen.

Gaspedal Der Teil eines Autos, mit dem der Fahrer die Zufuhr von Treibstoff zum Motor reguliert und so die Geschwindigkeit des Fahrzeugs bestimmt.

Generator Eine Maschine, die Bewegung in Energie verwandelt.

Gleiter Ein Fluggerät ohne Motor, z. B. ein Segelflugzeug oder Drachen.

Heck Das hintere Ende eines Schiffs.

Hitzeschild Eine spezielle Ummantelung an Raumschiffen, die verhindert, dass diese beim Eintreten in die Atmosphäre verglühen.

Hydraulik Ein mechanisches System, das mit Flüssigkeit betrieben wird.

Ingenieur Eine Person, die mithilfe wissenschaftlicher Erkenntnisse nützliche Dinge entwickelt und gestaltet.

Kardan Eine Verbindung zwischen einer Antriebsquelle und Rädern, die eine Kraftübertragung auch „über Eck" ermöglicht.

Karosserie Der obere Metallaufbau eines Autos.

Knoten Die Maßeinheit für die Fahrgeschwindigkeit von Schiffen. Ein Knoten entspricht einer Seemeile in der Stunde.

Kolben Bewegliche Teile innerhalb eines Motors.

Komet Ein Brocken aus Gestein und Eis, der sich durch das Sonnensystem bewegt und einen langen „Schweif" bekommt, wenn er sich der Sonne nähert.

Kühler Ein Teil des Autos, das dafür sorgt, dass der Motor nicht zu heiß wird. Manche Kühlsysteme arbeiten mit Luft, andere mit Flüssigkeit.

Kupplung Ein Teil des Autos, mit dem reguliert wird, wie die Kraft des Motors auf die Räder übertragen wird.

Laser Ein sehr intensiver Lichtstrahl, mit dem man Energie auch im Weltraum übertragen kann.

Lichtjahr Die Strecke, die das Licht in einem Jahr zurücklegen kann (9,46 Billionen Kilometer).

Luftschiff Ein Flugobjekt, das leichter als Luft ist und sich mithilfe von Motoren vorwärts bewegt.

Mach Die Maßeinheit für die Schallgeschwindigkeit.

Magnet Gegenstände, die Metall anziehen oder abstoßen. In Eisen-

bahnen werden sehr starke Magneten durch Elektrizität aktiviert.

Mond Großer, meist kugelförmiger Himmelskörper aus Gestein, der als natürlicher Satellit um einen Planeten kreist.

Navigator Das Mitglied einer Schiffs- oder Flugzeugmannschaft, das die Route und die aktuelle Position errechnet.

Pferdestärken Eine Maßeinheit für die Kraft eines Motors. 1 PS entspricht 745,7 Watt.

Planet Ein Himmelskörper, der um einen Stern kreist und normalerweise einen Durchmesser von mindestens 1000 Kilometern hat. Planeten besitzen nicht genug Masse, um selbst Licht auszusenden. Sie scheinen zu leuchten, weil sie das Licht des Sterns reflektieren, den sie umkreisen.

Pneumatik Ein mechanisches System, das mit zusammengepress-

ter Luft betrieben wird, z. B. die Bremsen eines Zuges.

Profil Das Muster aus Rillen auf der Außenseite eines Reifens.

Propeller Kreisförmig um einen Mittelpunkt angeordnete Blätter, die sich drehen und durch diese Bewegung ein Schiff oder Fluggerät vorwärts treiben.

Radar Ein Gerät, das Radiowellen aussendet und das Echo dieser Wellen auswertet, um die Position von Gegenständen zu errechnen.

Raumkapsel Ein kleines Raumschiff mit Platz für einen oder zwei Astronauten.

Raumstation Ein riesiger Satellit mit Wohnräumen für Astronauten und Wissenschaftler, die dort Weltraumforschung betreiben.

Rumpf Der Hauptteil eines Flugzeugs, in dem sich der Raum für Passagiere oder Fracht befindet.

Schaufelrad Ein Rad zum Antrieb von Schiffen, an dessen Außenseite Schaufelplatten angebracht sind. Das Rad liegt teilweise im Wasser. Wenn es sich dreht, schieben die Schaufeln das Schiff vorwärts.

Schwerkraft Die Anziehungskraft, die zwischen zwei Gegenständen herrscht. Die Erdanziehungskraft sorgt dafür, dass man nicht von der Erde fällt.

Steuerruder Ein Teil am Heck eines Schiffes, das zum Steuern benutzt wird.

Strahlung Wellen, die von einem Gegenstand oder Himmelskörper ausgesandt werden. Die Strahlung der Sonne ist gefährlich, aber die meisten Strahlen werden durch die Erdatmosphäre abgeschirmt. Im Weltraum sind außerhalb der Erdatmosphäre besondere Schutzmaßnahmen nötig.

Straßenbahn Schienenfahrzeuge, die in Städten verkehren und mit Elektrizität angetrieben werden. Sie sind leiser als Busse und verschmutzen die Luft weniger.

Stufe Teil einer Rakete, der abgeworfen wird, wenn er seine Funktion erfüllt hat. Raketen haben meist drei Stufen.

Stützräder Kleine Zusatzräder, die seitlich des Hinterrads an Motorrädern und Fahrrädern angebracht sind.

Tauchboot Ein kleines U-Boot, das meist Forschungszwecken dient.

Teleskop Ein Gerät, mit dem man entfernte Gegenstände genauer betrachten kann. Teleskope können Licht, Funkwellen, Röntgenstrahlen oder andere Wellen einfangen und verstärken.

Torpedo Ein Unterwassergeschoss, das explodiert, wenn es einen Schiffsrumpf trifft.

Tragfläche Ein Segel oder Flügel mit einer gewölbten Oberfläche, die für Auftrieb sorgt.

Trike Ein Motorrad mit drei Rädern.

Verbrennungsmotor Ein Motor, in dem ein Gemisch aus Luft und Treibstoff verbrannt wird.

Wasserflugzeug Ein Flugzeug, das anstelle von Rädern Schwimmer hat und auf dem Wasser starten und landen kann.

Weiche Eine Stelle, an der zwei Eisenbahn-Schienenstränge zusammentreffen und mit deren Hilfe ein Zug in eine bestimmte Richtung gelenkt werden kann.

Wiederaufladbar Batterien, deren Energie nachgeladen werden kann, wenn sie verbraucht wurde, sind wiederaufladbar. Alle Autos haben wiederaufladbare Batterien.

Zugmaschine Der vordere Teil eines Lastwagens, in dem Motor und Fahrerkabine untergebracht sind.

Zylinder Eine Kammer in einem Motor, in der sich Kolben auf- und abbewegen.

Register

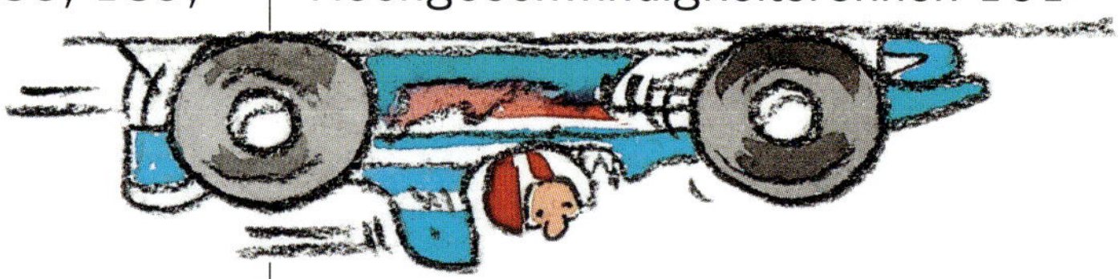

FOR SALE